全彩美绘

我的朋友容容

任大霖◎著

北方联合出版传媒（集团）股份有限公司
春风文艺出版社
·沈 阳·

图书在版编目（CIP）数据

大作家的语文课：全彩美绘．我的朋友容容 / 任大霖著．—沈阳：春风文艺出版社，2021.2（2024.3重印）
ISBN 978-7-5313-5751-3

Ⅰ.①大… Ⅱ.①任… Ⅲ.①阅读课—小学—课外读物 Ⅳ.①G624.233

中国版本图书馆CIP数据核字（2019）第288021号

北方联合出版传媒（集团）股份有限公司
春风文艺出版社出版发行
沈阳市和平区十一纬路25号　邮编：110003
辽宁新华印务有限公司印刷

责任编辑：邓　楠　　责任校对：陈　杰
插　　画：赵光宇　　印制统筹：刘　成
幅面尺寸：145mm × 210mm　　字　　数：103千字
印　　张：7
版　　次：2021年2月第1版　　印　　次：2024年3月第5次
书　　号：ISBN 978-7-5313-5751-3
定　　价：30.00元

目录

牛 和 鹅

大家都说：牛的眼睛看人，觉得人比牛大，所以牛是怕人的；鹅的眼睛看人，觉得人比鹅小，所以鹅不怕人。

我们都很相信这句话。

所以我们看到牛，一点儿也不害怕，敢用手拍它的背，摸它的肚子，甚至敢用树枝去触它的屁股，用破碗片去刮它的皮呢！可是牛像是无所谓似的，只是眨眨眼，把尾巴甩几甩。有的孩子还敢扳牛角，叫它跪下来，然后骑到牛背上去；我那时虽然不敢这样，可是用拳头捶捶牛背还是敢的。

可是当我们看到鹅，那就完全两样了：总是远远

《牛和鹅》入选小学语文教材四年级上册课文。选作课文时有改动。

地站在安全的地方，才敢看它。要是在路上碰到鹅，就得绕个大圈子才敢走过去。

有一次，我们放学回家，走过池塘边，看见有四只大白鹅在靠近岸边的水里游。我们马上不响了，贴着墙壁，悄悄地走过去，我心里很害怕，怕它们看见了会追过来。这时，有一个顽皮的孩子故意要引它们来，就吁哩哩哩地叫了一声。鹅听见了，就竖起头来，侧着眼睛看了看，竟爬到岸上，一摇一摆地、神气地朝我们走来，还抻长脖子，吭吭地叫着，扑打着大翅膀，就像在它们眼里，根本没我们这些人似的。

孩子们都喊了一声，急急逃跑，这使鹅追得更快了。我吓得腿都软了，更跑不快。这时，带头的那只老雄鹅就吧嗒吧嗒地跑了过来。吭，吭！它赶上了我。吭，吭！它张开嘴，一口就咬住了我当胸的衣襟，拉住我不放。在忙乱中，我的书包掉了，鞋子也弄脱了，我想，它一定要把我咬死了，我就又哭又叫，可是叫些什么，我当时自己也不知道，大概总是这样叫吧："鹅要吃我了！鹅要咬死我了！"

大概是我的哭叫更惹怒了这只老雄鹅，它用尽全身的力量来拖我，来啄我，并且扇动翅膀来扑打我，我几乎被它拖倒了——因为当时我还很小，只不过跟它一样高呢！别的鹅在后面吭吭大叫着助威。

就在这时候，池里划来了一只小船，捉鱼的金奎叔从船上跳上岸，飞快地走了过来（这事，我都是后来才知道的，当时是完全昏乱了）。金奎叔是个结实的汉子，他伸出的胳膊比我的腿还粗，他一把握住了鹅的长脖子。鹅用脚爪划他，用嘴啄他，可是金奎叔的力气是那么大，他轻轻地把鹅提了起来，然后，就像摔一个酒瓶似的，呼的一下，把这只老雄鹅摔到了半空中，它张开翅膀，啪啪啪地落到了池中。这一下，别的鹅也怕了，都张开翅膀，跳到池里，向里面游去。

这一摔是那么滑稽，远处的孩子们全笑了起来；我也挂着泪笑了。一切的恐怖全消失了。因为，在金奎叔的手里，鹅是那么弱，那么可笑，它，不过跟一个酒瓶子一样罢了！

金奎叔给我穿上鞋，拾起书包，用大手摸摸我的头说：“鹅有什么可怕的！会把你吓成这样。”

我说：“鹅，因为鹅把我们看得比它小哇！”

金奎叔说：“让它这样看好了！可是，它要是凭这一点来欺负人，那咱们可不答应，就得掐住它的脖子，把它摔到池里去。记着，霖哥儿，下次别怕它们！”

我记着金奎叔的话，以后一直不怕鹅了。有什么可怕的？它虽然把我们看得比它小，可我们实在比它强啊！怕它干吗？果然，我不怕它，它也不敢咬我，碰到了只是吭吭叫几声，扇几下翅膀，就摇摇摆摆走开了。

看到牛，我也不再无缘无故欺负它了，我觉得它虽然把我们看得比它大，可是我们平白去欺负它干吗？

直到现在，我还记着金奎叔的话，当我逢到有人把我看得比他小，平白来欺负我，我总准备着掐住他的脖子，把他摔到应当去的地方！

蟋　蟀

这一年的夏天，天气特别热，我们溪岭乡虽说是个山乡，白天也闷热得叫人受不了，你浑身脱得只穿条短裤，汗水还是直淌。要到傍晚太阳落了山，方才有风打北干山那边吹来，凉飕飕的，夹着苦艾和松树脂的气息。早早地吃过晚饭，穿上件白布衫，腰间插把蒲扇，我们就到周家台门前斗蟋蟀去了。

这个夏天我玩得挺痛快。因为刚从小学毕业，考过了中学回家来，没有什么暑假作业；合作社社长振根叔也没有来叫我去参加劳动。我趁着这个机会，白天不是游水就是钓鱼，夜里就捉蟋蟀，当然，有时候也帮哥哥做些不费力气的事情。

有一天，福兴和小阿金斗蟋蟀，两个都是“大王”，咬得挺凶。我挤在人堆里，看得正起劲儿，忽然被人撞了一下，我回头一看，只见徐小奎站在那里。他说："吕力喧，快跟我走！"

我问："什么事？"一边问一边跟他走到大枣树底下。他站下来，从布衫里掏出两封信。"这封是你的，这封是我的，我刚从邮政代办所拿来的。"

我看了看信封，知道是从中学里寄来的。我马上撕开口，掏出一张油印信，然后用眼睛很快地在信上溜了一下。

"怎么样？"徐小奎凑过来问。

"没取上。"我平静地回答。

"你没取上？"徐小奎叹口气说，"那我的信就用不着拆了。"

我夺过徐小奎的信拆开一看，果然也没取上。徐小奎说："都没取上。你看怎么办？"

这时，我看见史小芬站在那边。史小芬是合作社社长振根叔的女儿，比我们早毕业，早就参加农业生产了。我故意放大声音说："怎么办？自然是安心参加农业劳动啊！我保证为祖国多生产粮食，争取做徐建春第二……”

可是嘴上保证总是比较容易的。第二天清早，当哥哥把我从凉榻上推醒的时候，我接连打了两个哈欠，不耐烦地说：“干吗？大清早，也不让人多睡会儿。”

哥哥说：“照我们合作社社员看，天已经不早了。用凉水去抹抹脸，清醒一下吧。从今天起，得早些起来，振根叔已经把你分配在我的生产队里了。”

我跳起来，马马虎虎擦了下脸，拿上顶草帽就跟着哥哥走了。

路上哥哥告诉我，今天合作社开割早稻，先割那二十亩千斤田，这对周围的互助组和单干户是有示范作用的。他说，社里能割稻的人全得参加，要割得快，割得好，不能糟蹋稻谷。哥哥还说（大概是吓唬我），要是我不会割稻，可以去带领孩子们拾稻穗，拾稻穗也给记工分的。我向他白白眼睛，说：“谁高兴拾稻穗！虽说我没有割过稻，可是我一拿上镰刀就能熟练的，我保证不比你割得差。”

到了田头一瞧，人可多哩！他们已经在割了。史小芬也把裤脚卷得高高的，弯着腰在割。我走到田塍头，看见赵大云和徐小奎站在那里。赵大云和我们同班毕业的，但是他没投考中学，他早就决定要在家里参加农业生产。

一会儿，振根叔来了。他先打量了我们一会儿，然后说："你们没有做过庄稼活，今天倒要考考你们了。"

我很快回答："振根叔，我保证考得上。去年暑假我帮互助组割过一分田的稻哩！"

赵大云没有说话，徐小奎把士林布衫的袖口卷了又卷，就这样，我们开始割起稻来。

我素来是个胆大的人，一边割着，一边还觉得自己割得挺不错。我记着哥哥的话，稻秆握得松一些，镰刀握得紧一些，手臂要灵活，一挥一簇，挺利落的。我斜眼看了旁边的徐小奎一下，嘿，他落后了，足足落后了五六尺远。后来，我看见他站在那里，在石块上磨镰刀，一定是刀口割钝了。我割了一会儿又回过头去，看见徐小奎还是站在那里，又卷起布衫袖口来了。我一看就知道他是“考不上”了。我早就料到是这样的。徐小奎从小被他妈妈娇养惯了，除了割割羊草，什么活也干不了。我一边想，一边更加熟练地割起来。我相信，我是三个人里面割得顶好的了。

就在这时候，突然从我脚下跳出了一只蟋蟀。我看得明明白白，那绝对不是一只牛屎蟋蟀，而是一只真正的蛇头蟋蟀，可是跟牛屎蟋蟀一样大。

我扔下镰刀，扑过去捉住了那只蟋蟀。想不到它狠狠地咬了我一口，我手一松，它就从手指缝钻了出去。我想，嘿，小宝贝，你是逃不了的，这里没有什么石头缝。谁知道它三跳两跳，跳到我刚才割下的一簇稻秆旁，一下就钻了进去。我火了，捧起稻秆来就抖动，后来甚至把稻秆在地上打了几下。这小家伙终于跌了下来，乖乖地被我抓进了手掌。我一边说：“小宝贝，别乱钻，我要封你做黑须大将！因为你的须很长。”一边从袋里拿出个随身带着的小竹筒，把“黑须大将”关了进去。可是当我站起来回头一看，

虽说我是个胆大的人，也不能不慌乱起来——合作社社长振根叔就站在我的背后。

“你在做什么？”振根叔微笑着问。

我觉得自己的耳朵根发热了，可是我还是很快地回答说：“一只大蟋蟀，振根叔。这一定是只蛇头蟋蟀，它的牙齿有毒。它能把福兴的红头大王打败的……”

“蟋蟀很好玩，我从前也挺爱斗蟋蟀。吕力喧，我看，你还是去参加他们小组吧。”他指指后边，“拾稻穗我们也记工分的。”

我急了，就说：“振根叔，我不去拾稻穗，我要割稻。我……我保证以后不在田里捉蟋蟀了！”

振根叔笑着说：“不在田里捉蟋蟀了，那很好。可是我刚才检查了一下你割过的稻，你割得很快，只是有些稻还原封不动留在地里哩！”

我说：“我保证再耐心些，我会学习割好的。”

振根叔说：“我们要让你学习的，可是今天不行，因为这是千斤田，是有示范作用的。等别的田开割的时候，你再学着割吧。”

结果我被赶上了田塍。幸好，徐小奎和赵大云已经坐在那里了。

“怎么样？”我说，“好像我们三个人的运气都不怎么好。”

徐小奎朝我摇摇手，他轻轻地告诉我：“别说风凉话。赵大云的脚踝割开了，血流了好多哩！”

我一看，嘿，赵大云真的受伤了。在脚踝上贴着一张观世音草的叶子，血还从叶子下往外淌。

我问：“怎么弄破的？”

赵大云咬咬嘴唇，用手指抹下一大滴血。他眼睛望着田里，低低地说：“是镰刀割开的。大概是握刀的手势还不对，所以割起来就怪别扭的。”他伸出手，装成握着镰刀的样子，在空中挥了几下。接着，又握紧拳头，在自己腿上捶了一下。

就这样，我们只好去拾稻穗，而且是跟一些小孩子在一起。最使我难受的是，史小芬就在我们近旁割稻，她熟练地挥着镰刀，嚓嚓地割着，当她放下一束稻秆时，还站直身子，把辫子从胸前摆到背后，扭过脖子朝我们笑了一下。

这一天，刚吃过晚饭，我就径直去找福兴。

我说："福兴，走，我们斗蟋蟀去！"

福兴说："怎么？又捉到了吗？"

我把蟋蟀盆的盖掀开一些，让他看了一看。"这是我新封的黑须大将，是一只真正的蛇头蟋蟀，它的牙齿是有毒的。"这时我稍微撒了一些谎，"我看见一条蛇盘在那里，在蛇的身旁捉到了这只蟋蟀。"

"真的吗？那可有一场大战了！"福兴又兴奋又担心地说，"不过，我的红头大王也不是好惹的，它已经咬败过十二只蟋蟀了。"

我说："你的红头大王碰到蛇头蟋蟀，就要吃瘪了，因为蛇头蟋蟀的牙齿是有毒的！"

人们都围拢来了，我们就在周家台门前斗起蟋蟀来。我用引草在我的黑须大将面前一引，它立刻张开一对刀牙，嚯嚯叫着，向前冲去。黑须大将冲到红头大王面前，两员大将立刻咬住。红头大王用牙齿一掀，我的黑须大将就扑地被摔出了盆子。人们发出了失望的声音。等我从地上把黑须大将放回盆子时，它的两只刀牙已经合不拢了，一条腿也跛了。我把引草在它面前一碰，它回身就逃。大家哄笑了起来。史小芬朝我撇撇嘴说："嘿！什么黑须大将，牛皮大王罢了！"

说老实话，这一场耻辱，我是一辈子忘不了的。

我坐在枣树下，眼睛望着对面的北干山。这时，天已经完全黑了，风吹来，凉飕飕的。我就一个人这么坐着，不想回去。

徐小奎来了，他坐在我的身旁，开始来安慰我："别难受了。那不是真正的蛇头蟋蟀，不值得可惜……"

不知道为什么，他的声音使我难过起来。远处，一只猫头鹰在叫："哇！哇！……"声音在山谷里回旋。

我们就这样坐了一会儿。我说："无论如何，今天这口怨气我是一定要出的。我就是去翻棺材板，也

要捉个真正的蛇头蟋蟀来。不斗败福兴，我绝不甘心！”

徐小奎说：“我可以帮你的忙。你知道吗？我们屋后的那块坟地上，一定有蛇头蟋蟀，我每天晚上都听见那里的蟋蟀叫得响成一片。”

我说：“真正的蛇头蟋蟀不是什么时候都叫的，它在二更时叫两声，三更时叫三声，五更时叫五声。”

他说：“那我们就在天黑时去捉。不过，我妈妈要是知道了，一定要骂死我的。她说过，那块坟地上有鬼。”

我不觉打了个寒噤。我说：“我不相信有鬼。你妈妈那里倒容易办，天黑了你悄悄溜出来就是。徐小奎，说到做到。我们今天就动手，捉住了蛇头蟋蟀，算是我们两个人的。”

徐小奎被我说得兴奋起来，他一口答应了。像这样痛快地决定去干冒险的事，在他是挺难得的。

天黑以后，我的哥哥到合作社办公室去开会，我就偷了他忘记带走的手电筒，悄悄地溜到徐小奎家门口。十分钟以后，我就和他往坟地去了。

天空中满是碎云，半圆的月亮时隐时现。周围非常寂静，只有青蛙偶尔呱呱地叫几声。在远处山谷里，一只鸟在怪声地叫着，很像是一个孩子在哭。

我的汗毛直竖了起来。我叫了一声："徐小奎！"

徐小奎靠着我，把我的手握得紧紧的，我感到他的手是冰冷的。当我们走到坟地边上，月亮完全被云遮住了。我们就蹲下来，静静地等着蟋蟀叫，这时，风好像吹得更大了，我虽然把布衫的纽扣全扣上了，还是有些冷。一阵风吹过，左边那一块长长的茅草地里就发出来窸窸窣窣的声音。徐小奎睁大了眼睛，不断地盯着那些坍了的坟墓，我知道他一定害怕得厉害。

我说："奇怪，一只蟋蟀也没叫，是不是因为天凉的缘故？"

徐小奎说："也许今天不会叫了，我们走吧……我好像有些不大舒服……"

我知道他在懊悔了。说真话，我自己也希望早些回去，黑漆漆地蹲在这块坟地边上是很不好受的。可是为了壮胆，我故意轻松地说："要是真的有鬼出来，我可不会对它客气的……"

我的话没说完，左边洼地上的茅草丛里突然噗的一声，一只鸟飞了出来，把我吓了一跳，背上黏黏的，出了一身冷汗。

徐小奎拉住我的手，低声说："快回去吧，我害怕……"

我紧张地说："别响！"只听见茅草里发出嚓嚓的声音，就像是一个人在迈着大步，慢慢踱着似的："嚓——嚓——嚓——"

我的头嗡嗡作响，心也几乎不跳了。徐小奎整个身子抖动了一下，忽然回头就跑。他跑得那么快，就像什么怪物跟在他背后似的。他在一个土堆上绊了一下，马上又爬起来，向家里跑去。

一会儿，茅草里的声音没有了。我正想拔脚逃走，背后却又响起了轻微的脚步声。这时，我几乎完全失去了知觉，我自己也不知当时是哪里来了一股勇气，只记得我回过身去，打亮了手电筒。在手电筒光里，我看见一个人向我走来。那人走近了我，拍了一下我的肩膀，低低地说："吕力喧，你在这儿干吗？"

这时候，我的心才又跳动起来。我疲乏得要命，就一屁股坐在地上，长出了一口气，然后说："好家伙，赵大云，你可把——你可把徐小奎给吓坏了！"

赵大云笑了一下说："想不到我们会碰头的。"

我说："你也在这儿捉蟋蟀？"

赵大云说："谁这么高兴，还捉蟋蟀？"

原来他是在这里割茅草的。我们这里柴火缺，茅草晒干以后就可以当柴火烧。可是，当我跟着赵大云到割草的地方去看了一下以后，我就知道他在这里割茅草不光是为了烧柴，这里边一定还有别的道理。这一带的茅草长得很茂盛，有半人高，跟稻子很相似。赵大云已经割完了一大片，割过的地上都光溜溜的，一根茅草也不剩，割下的草捆得整整齐齐放在地上，跟稻田里收割下的稻捆一样。很明显，赵大云是在这里学习割稻子，因为他也刚从小学毕业参加农业劳动，他割稻的本领比我高不了多少哇！

“嘿，你是在这里练习割稻的手艺呀！”我向赵大云说。

“就算是吧，”赵大云停了一会儿说，“我过去跟你一样没有割过稻，不学习怎么能会呢？”

“可是你为什么白天不学，夜里来学呢？”

“白天那样忙，我要拾稻穗，又要帮助妈妈打水、喂猪，哪有时间呢。”赵大云回答，“再说，这是我学习割稻的笨办法，要是给人看见了，怪不好意思的……”

他嘱咐我不要把这件事告诉别人。我答应除了徐小奎之外，不给任何人讲。我说，徐小奎一定认为今天遇到鬼了，为了破除他的迷信，我必须讲。

赵大云同意这样。然后，他把割下的茅草捆收拾到一起，我们就一块回家了。

后来，二十亩千斤田割完了，其他的早稻田也开割了。我们又拿起镰刀，在振根叔的监督下“考”了一次，结果，我仍然没考上。这一次，我根本没在田里捉蟋蟀，连脚旁的一条泥鳅我也没碰一下。我十分专心地割着。可是振根叔说，我割得仍然很毛糙，简直没有进步，甚至比上次更差。要是都这样割法，我们的产量顶少也得打一个八五折。同时，他大大地表扬了赵大云，说他进步快极了，说他割得仔细、利落、合规格，足足可以评上九分！他说："这才是真正的高小毕业生哩！"就像我是个冒牌货似的。

徐小奎呢，从那天晚上逃回家后，接连病了三天。我把赵大云夜里练习割稻的事告诉他，他还有点儿不大相信。他妈妈背后把振根叔痛骂了一顿，说是他把徐小奎逼得太厉害了，大热天硬要一个孩子去割稻，急出了病。从这以后，就再也不让小奎来割稻了。

不久，赵大云就算是一个真正的社员了，每天晚上跟大家一起评工，开社员大会时偶尔也发表一些意见。我呢，还是干些不三不四的零活，有时随着社员们学着割割稻，有时车车水，评工时只捎带着给记上一二分。早晨和晚上，我还是到处捉蟋蟀。

一天傍晚，我们都在周家台门前闲聊，赵大云刚从河边洗罢脚回来，他从袋里掏出个火柴盒子，笑着说：“我也捉到一只蟋蟀，不知道有没有用场。”

我们都奇怪极了，我说：“咦，赵大云也捉蟋蟀，那么狗也会捉耗子了！”

徐小奎说：“你捉到的是什么蟋蟀？是蜈蚣蟋蟀、蜗牛蟋蟀、蛇头蟋蟀，还是别的？蜈蚣蟋蟀身子是红的，挺厉害，可是怕蜗牛蟋蟀，因为蜈蚣是怕蜗牛的……”

我打断了他的话说：“别跟他缠了，他第一次捉蟋蟀，懂得什么！让我们看一看他的蟋蟀吧，也许根本不是什么蟋蟀，只是只灰蟑螂哩！”

赵大云等我们说完了，才慢慢地打开火柴盒，让我们看了看蟋蟀。

我看了一眼，心里就有些妒忌，因为这是一只挺大的蟋蟀，它的头是黑色的，发着光。

我赶紧跑去把福兴叫来，就帮着赵大云和福兴斗起蟋蟀来。

看的人很多。赵大云的蟋蟀看起来有些笨，起初停在那里，动也不动，就跟赵大云自己差不多。周围的人正有些失望了，忽然，它的须子动了一下，就慢慢地向前走去。当福兴的红头大王一冲过来，赵大云的那只马上猛扑上去，一口咬住了红头大王的脖子，立刻把它摔了一个跟斗。我们都不觉喝了一声彩。接着，两只蟋蟀就扭在一起，猛烈地斗起来，简直分不清楚了。起先，红头大王占了优势，它咬住了敌人，直把敌人推到盆沿上。这时，它就胜利地叫了起来。可是接着情势就起了变化，赵大云的那只猛地咬住了红头大王的脖子，把红头大王咬得翻过身来，在地上拖了两个圈子。这样一来，红头大王的威风就消失了。接着，红头大王又在肚子上、尾巴上吃了几下亏，它挣扎着再想拼一下，可是赵大云的那只一口咬

住了红头大王的牙齿，把它摔出了“战场”。

这一场恶斗，是我从来没有看到过的。大家也都看得呆住了，忘记了喝彩。结果是：赵大云得胜了，他的蟋蟀获得了“黑头元帅”的称号。

这以后，我们斗蟋蟀的情绪更高了，因为出了一个新的“元帅”，谁都想去试着斗一斗。赵大云是“来者不拒”，只要是在吃过晚饭去找他，接连斗四只他也肯，可是谁也不能把这位“元帅”斗败。

又过了几天，那时天气已经渐渐凉爽起来，我终于在坟地上捉到了一只蟋蟀。这不是一只普通的蟋蟀，它的背上有一点红斑，我对它抱着很大的希望。吃过晚饭，我甚至连脚也不洗，就跑去找赵大云了。

我说：“赵大云，快走，这一下你的黑头元帅要坍台了！我捉到一只真正的蜈蚣蟋蟀，它的背上有红点。”

他说：“什么黑头元帅，我早把它放掉了。”

“你扯谎!”我吃了一惊，大声嚷了起来。

“真是这样。我真把它放掉了。老关着它有什么意思？我也没有这么多的空闲。这几天，我在学犁田，犁田真有意思，比割稻还难……”

“你！你……你这算什么？”我失望得几乎流下眼泪。

沉默了一会儿，我就举起蟋蟀盆，狠狠地把它摔在地上。盆子破了，摔断了一只腿的蟋蟀，从破盆片里往外爬着。

当天晚上，振根叔把我叫到合作社办公室去。他让我坐在他对面，给了我一个算盘，然后缓缓地说：“这里有一道算术题，请你马上算出来。有一个学生，他考语文得了七分，考算术得了九分，考自然得了十分，考音乐也得了十分，考体育得了六分，你算一算，他一共得了几分？”

我马上回答：“四十二分。”

他又说：“那么，另一个学生语文是四分，算术是三分，自然是七分，音乐和体育都是八分，他一共……”

我不等他说完就回答：“一共是三十分。”可是，我心里直奇怪，难道真有这样的学生吗？我不知道他们学校里是采用五分制还是百分制：要是五分制，他一门功课怎能得九分、十分呢？要是百分制，那这两个学生可就太糟糕了！

振根叔看出我的怀疑，他说："傻瓜！这不是学生的考试成绩，是两位社员的工账。好吧，这一回算你考上了。"接着，他告诉我，最近又接收了二十户新社员，合作社扩充了，所以得增加一个会计人员。最后，他郑重地说："从明天起，你就是我们社里的会计助理员了。"

第二天，我一早就到合作社办公室去，开始了我的工作。打这以后，我不再捉蟋蟀了，因为我的工作挺忙，而且，自从赵大云把他的"黑头元帅"放掉以后，不知道为什么，大家捉蟋蟀的劲儿就都消失了。

阿蓝的喜悦和烦恼

阿蓝是我从前养的一只狗，它是一只非常可爱的狗，所以到现在我还记得它。

阿蓝最喜欢的是玩。它有各种各样的玩法，而顶爱在地上打滚。每逢高兴的时候，它就倒在地上，东翻西翻，翻了一阵以后，就突然跳起来，飞奔到门外去，在外面不知什么地方跑了一通，又飞奔回来，然后坐着喘气。

它喜欢跟我玩。每当我放学回来，它总很快地迎上来，在我旁边转，用它的背摩擦我的脚，缠住我，表示亲热。我把手一指说："阿蓝！"它就会站直身子，把前脚搁在我的手臂上，用舌头舔我的手。我把手一指说："嗾嗾！"它就会拼命地向前冲去，那声势就像能把非洲的大狮子咬死；如果前面有人或者别的动物，它真会咬他们的，可是我只在没有人的时候才“嗾”它。有时候，阿蓝的情绪特别高，一直玩着不肯停，甚至主动地扑到我身上来，咬我的衣扣，我就在它脑袋上敲一下，装着生气的样子说：“滚开滚开！别缠！”它挨了骂，马上不敢顽皮了，讪讪地走了开去，打个喷嚏（为了掩饰不好意思），就坐着不动了。不过我很少这样骂它的，因为它挨骂后情绪很低，好久不愿再跟我玩，连叫它几声，它也只把尾巴动动，露出不乐意的样子挪动一下脚，算是回答。和我们住在同院的小壮、小建兄弟俩，也是阿蓝的好朋友。他俩都是小胖子，又有些傻乎乎的，跟阿蓝特别亲热，时常抱住阿蓝的脖子，跟阿蓝一起在地上滚，亲热地叫着：“阿蓝——阿拉，阿拉乖！”有时候滚着滚着，阿蓝压在小胖子上面了，它嘴里喷出的热气，把他们痒得哧哧叫起来，阿蓝就很高兴。兄弟俩有了食物，阿蓝总要跑拢去，他们就用食物来训练它，让它站起来吃，让它扑上来吃，跳起来吃，或者让它张大嘴，他们掷给它吃……有一次，两个小胖子每人得到一碗甜汤圆，正在吃，阿蓝就过去了。小壮忽然想起丢一粒汤圆到水盆里去，看阿蓝会不会把头钻到水里去吃，阿蓝嗅嗅水，绕着水盆转了几圈，忽然低下头去，一口就从水里衔上汤圆来吃了。这种“水底捞汤圆”的技艺使两个小胖子很感兴趣，他们就接连不断地丢汤圆，训练阿蓝的“水性”。最后，阿蓝非但完全练好了潜水的本领，也大吃了一顿甜汤圆，它看看兄弟俩手里的碗空了，就耷拉着耳朵回来了——它就是这样和小壮、小建玩的。

可是阿蓝也有烦恼，那就是它肚子饿的时候。

那时候，我的爸爸被学校解聘，从杭州回来，生活比较困难。每次我们吃饭的时候，阿蓝也在旁边吃它的一份饭，爸爸看着时常皱起眉头说：“人都难养活，还要弄一只狗来吃饭，真不懂事。”阿蓝吃完饭，还觉得不饱——因为它的食量是越来越大，而妈妈分给它的饭却是不得不越来越少了——就挤到桌子底下来，在我们的脚中间钻进钻出。这时候我总是非常害怕，怕爸爸发起火来，就悄悄地踢阿蓝，叫它

出去。

我的妈妈有个怪脾气，喜欢比我们迟一会儿吃饭；我们开始吃了，她总不来，在厨房里东摸摸西碰碰的，到我们吃了一半她才来。她独个儿吃时，看见阿蓝还不饱，就把自己的半碗饭不吃留给阿蓝吃。这以后，每逢妈妈吃饭时，阿蓝就坐在旁边等，还眼巴巴地看着妈妈，看她一口一口地吃，它的眼光跟着妈妈的手和嘴转动。我怕妈妈老是自己吃不饱，就叫阿蓝出去，别坐着对食。可是，这时候，阿蓝却不听话了，我叫它，它只是动动尾巴，动动耳朵，却坐着不动身。我拉住它的脖子，硬把它拖到外面去，它虽然不敢反抗我，却呜呜地轻叫着，停着脚不走，或者从我的胯下又钻了进去——它是肚子饿呀！

终于，分离的一天到了。龙家湾的长淯叔（是我们的远亲）进城来卖柴，到我家来坐坐，说起他们村里的银根店王（是一个富农），很想有一只好狗给他们守守门，甚至出了钱在找。爸爸就说，既然是银根店王家要，想来也不会饿死它的，就把阿蓝送给他们吧。奶奶和妈妈都百般劝我：让阿蓝去了吧，等将来，爸爸接了聘，家里好些了，一定再养一只……我也没法不答应，因为当时我是那么小，自己又不能挣钱。最后，我就横了心，骗阿蓝和我玩的当儿，用项圈把它套了起来——当长渭叔牵了阿蓝走出门去时，我禁不住倒在妈妈怀里哭了起来。

这一天放学回家，我好像少了些什么，又觉得有一件事没干过似的空虚。小壮和小建也捧着饭碗，好久呆呆地坐在院子里，想着失去了的好朋友。

第二天放学，我走在路上，正在想阿蓝，忽然，我的脚被什么东西绊了一下，几乎摔倒，哈，原来正是阿蓝，我的可爱的阿蓝，它正用着比平时大一倍的力气在摩擦我的脚呢！我忘了一切，就抱住它的脖子，抱住它的腰，“阿蓝，阿蓝”地叫了起来。

后来，我发现项圈还套在它的脖子上，但是绳子已经断了，它身上湿漉漉的，我相信这不光是汗，它在回来的十几里路当中，还游过几条小河呢！可是它终于回来了。

吃晚饭时，爸爸他们都没说话，更没有说起阿蓝。从这以后，也没有谁提起过要把阿蓝送给别人的话——我想，爸爸也被阿蓝感动了呢！

小壮和小建搂着阿蓝的脖子，跟它“碰碰头”“摔筋斗”，足足在地上闹了半个钟头，还给它吃了两个面包和两颗糖，用这来欢迎它。

后来才知道：长渭叔把阿蓝带到银根店王家里后，就把它拴在廊柱上，还在它面前放上一大碗饭，外加两块肥肉。然后，那店王就请长渭叔到厨房里去喝酒，吃饭——这带有酬劳的意思。可是等长渭叔酒足饭饱，从厨房里出来时，他几乎不相信自己的眼睛了：廊柱旁哪里有什么狗哇！连一根狗毛毛也没有哩！只有半截咬断了的绳子，落在满满的、没有动过一口的饭碗上面。

冬　妹

我的朋友R君偶然在清理旧物的时候，翻出了一篮儿时的玩具。

把积垢除去以后，在这橙红色的小篮子里，现出了许多残缺得可笑的东西——断了鼻子的木象；没有角的泥牛；褪了色的布囡囡，塞在身体里的棉花已经从肚子的裂缝上露出来，恰像它的肠子一样。这个奇怪的集团，带着一种凄然的神色，呈现在我们面前，好像被抛弃了多年的伙伴们，重新回到它们主人那里，在报告它们不幸的遭遇。

R君轻轻地抚摸它们，用他的手，用他的灵魂。他沉默了好久，才惆怅地对我说："这篮玩具让我记起了儿时的许多情景；我也记起了我不幸的小妹妹，这儿时唯一的伴侣。"

小妹妹在我的记忆中，永远是一个活泼可爱的小女孩。苹果似的小脸，大而黑的眼，长长的睫毛，端正的鼻子，稍向外翘的嘴唇，这一切都带有一种天真童俊之美。她的名字叫“冬妹”。

也许是父母对男孩子的偏爱吧，幸运的我，自小就得到他们特别的宠爱。虽然，小妹妹比我小一岁年纪，而父母对待我们的态度却总是相反的，好像以为我的年纪比小妹妹更小——实际上看来，小妹妹的样子也的确比我端庄些。

因此，所有的玩具或食物，总是我占着优先权。我得到的玩具都是新的，而等到玩厌了的时候，便毫不留情地伤残它们的躯体，以后便丢掉了不要。于是，小妹妹就像收旧货客人一样地把它们收藏起来。她在洋囡囡的破碎了的头颅上包上帽子，遮掩了残废；断了脚的马，便索性把其余的脚都拆掉，成为一只兔子似的可笑的动物。这样以后，她便从我这里取得了所有权，把它们好好地保管起来。

我清楚地记得，在我七岁生日那天，我穿着大姐姐给我的新衣服，牵着父亲给我的红色小汽车，骄傲地在院子里跑来跑去。小妹妹坐在门槛上，一只手指放在嘴里，带着羡慕的眼光，静静地看着我。

这时，我的舅舅从外面进来了，他的手里拿着一个引人注目的大皮球。

“啊，一个大皮球！”我和妹妹几乎同时叫起来。

“是的，一个大皮球，而且是给你的。”舅舅笑着说，把皮球放在我的手里，低下头来在我的额头上亲了一下。

啊，这是怎么一回事呢？我做梦也想不到世界上有这么大的皮球，而现在这皮球竟是属于我的啦。

我快乐得发了狂，捧着皮球跳起舞来。我把这皮球拿去给母亲看，我在小朋友们面前摆出骄傲的姿态，并且很慷慨地让他们每人在球上抚摸一下。

等到我的被欢欣所占领的心逐渐平静下去的时候，冬妹用艳羡的口吻赞美起来（她已经在我后面跟着跑了许多时候了）。

“多么好的皮球哇！小哥哥，你真幸运呢。假使我有这么一个大皮球，我宁愿把其他所有的玩具都不要了！”

我小时候的个性是这样的，当我热爱着这样玩具时，绝不肯让别人碰一碰；而等到玩厌了的时候，便毫不可惜地把它丢弃。

所以，小妹妹一方面固然剧烈地喜爱着我的皮球，另一方面却静静地在等我玩厌了的一天。

然而，这也许是她的失策吧，她在我玩皮球时，总忍不住露出赞美皮球的神色，因此，我对皮球就始

终没有玩厌了的一天。

小妹妹终于不能等待了，她恳求我："把皮球借给我玩一会儿吧！"

"不行。"我简单地回答她。

她失望了，凄然地说："啊，假使我有这么一个皮球多好呢，那时我一定肯借给别人玩……小哥哥，你为什么这样小气呢？"

可是小妹妹的愿望终于有一天实现了。那是一个夏天的早晨，我和她两个人到后门外的河滩上去捉小蟹。当我捉到了一只站起身来的时候，不留神在一棵水草上绊了一下，莫名其妙地跌到水中，幸而水还浅，很快就爬了起来。我看着自己湿淋淋的衣服，绝望地坐在地上，开始哭。

"别哭，赶快把衣服脱下来！"小妹妹着急地说。

她带扯带拉地给我脱去了衣服，绞去水，放到荆树丛上去。

夏天的太阳是相当有力的，不到一个钟头，我的衣服已经可以勉强穿了，虽然还有些湿漉漉的。

“别告诉姆妈!”当我们回到家中的时候，我郑重地通知她。

“可是姆妈要问的呀……”她忧愁地说。

我知道小妹妹的性情，她不会说一句谎。

“假使她问你，你别说，好吗？——我把大皮球给你!”被恐惧所征服了的我，为了遮掩自己的过失，毫不考虑地做了值得后悔的事情。

“什么？把你的大皮球给我？”她惊奇地望着我的脸。

“给你，永远给你；只要你不告诉母亲……”我爽快地说。

“你要反悔的。”小妹妹快乐得脸色都白了，然而她仍旧不大信任我的话。

“不，永不反悔!”我傲然地说。

然而当母亲替我洗浴的时候，她在我裤子上发现了许多浮萍。于是，在她严厉的盘问下，我吐露了这事的经过，结果是挨了一顿难得的打骂。

尤其使我感到懊丧的，是我的皮球这时已经属于小妹妹了。我怀着满腔的气愤去寻她，结果在夹竹桃花的旁边，我发现了她。

这样子多么可笑哇！冬妹亲热地抱着皮球，独自坐在那里，在她的小脸上，显出一种满足的兴奋的红晕。她的嘴唇喃喃地颤抖着，时而把皮球捧起来接一个热烈的吻。

“把皮球还给我！”我毫不觉得反悔的可耻，高声叫道。

被我这突然的举动所刺激，小妹妹把皮球抱得更紧。

“还我！”我蛮横地说，伸手把皮球夺了过来。

“你给我了的，你给我了的……”小妹妹尖声叫起来，拿着皮球不放，我们用力地争夺着……

胜利当然是属于我的，我拿着皮球，残酷地走了。

可怜的小妹妹坐在地上高声哭起来。多日的希冀，在一旦完全失去了的时候，这痛苦是可想而知的。

母亲知道了这事，在把我大骂一顿以后，便把小妹妹搂在怀里，亲热地安慰她——

“囡囡乖的，别和哥哥去争，哥哥不乖，姆妈不爱他……好，别哭了，等到囡囡过生日，妈妈也去买一个皮球给你！”

“要大的，和小哥哥的一样……”她在母亲怀中抽咽着说。

在这次事情以后，小妹妹对我的皮球完全改变了态度；她不再在我面前赞美它，只用漠然的目光望着它——她只是在等待着她生日的到来。

然而，小妹妹没有等到她的生日，在一个秋天的傍晚她病了。

她病得很厉害，不想吃，不想玩，只是昏昏地睡觉。医生看过她的病象，冷静地对父亲说：“小姑娘生伤寒了。”

于是，我和小妹妹就被完全隔绝起来。

在我唱歌的时候，玩耍的时候，甚至做一切事情的时候，都感到一种从未有过的乏味，我觉得世界好像骤然地缩小了——我第一次感到孤独的可怕。

我开始想念小妹妹了，我知道一个皮球的价值远不能超过小妹妹一声亲热的“小哥哥”；我懊悔了，我觉得不应该对小妹妹这样“小气”，我痛恨着我的自私！

为了补偿以前的不可饶恕的罪恶，我把这个大皮球给了母亲，痛苦地说：“把这给了小妹妹吧！我很对不起她呢！”

然而从父母的言谈里，我知道小妹妹的病已经很危险了。在一个暗淡的黄昏，当医生悄悄走了以后，我在说起小妹妹的时候，母亲忍不住哭了。

母亲紧紧地把我搂着，用一种从未有过的柔声说：“宝宝，别哭，别哭了，小妹妹已经没有用了……你——现在是我唯一的孩子……”母亲的声音呜咽了，眼角上挂着两颗晶莹的泪珠。

如今，小妹妹死去已经整整十年了；然而每当我记起她，记起自己对她的过失的时候，我的心便会痛苦地沉重起来！

R君说完了，久久地沉默着。我抚摸着那篮破旧的玩具，也默默地沉思起来……

芦　鸡

有一年春末，梅花溇（流过我们村子的河）涨大水，从上游漂下来一窠小芦鸡，一共三只。

长发看见了它们，跑来叫我们一起去捉。我们在岸上跟着它们，用长晾竿捞，用石块赶，一直跟到周家桥边，幸亏金奎叔划着船在那里捉鱼，才围住了小芦鸡，用网把它们裹上来。分配的结果，我一只，长发一只，灿金和王康合一只。

那小芦鸡的样子就跟普通的小鸡差不多，只是浑身是黑的，连嘴和脚爪也是黑的，而腿特别长，所以跑起来特别快，为了防它逃跑，我用细绳缚住它的脚，把它拴在椅子脚上，喂米给它吃。小芦鸡吃得很少，却时时刻刻想逃走，它总是向外面跑，可是绳子拉住了它的脚，它就绕着椅子脚转，跑着跑着，跑了

几圈以后，绳子绕在椅子脚上了，它还是跑，直到一只脚被吊了起来，不能动弹时，才叽呀叽呀地叫起来。我以为它是在叫痛了，就去帮它松开绳，可是不一会儿，它又绕紧了绳子，吊起一只脚来，而且叫得更响了，我才知道它不是为了痛在叫，而是为了不能逃跑，才张大了黑嘴在叫唤的——这样几次以后，小芦鸡完全发怒了，它根本不吃米，却一个劲儿地啄那椅子脚，好像要把这可恶的棍棒啄断才会安静下来似的。

那时候，燕子在我们的檐下做了一个窠，飞进飞出地忙着。只有当燕子在檐下啾啾啾地叫着的时候，小芦鸡才比较安静，它往往寻着这叫声，侧着头，停住脚，仔细听着。燕子叫过一阵飞出去了，小芦鸡却还呆呆地停在那儿好一会儿——它是在回想那广阔河边的芦苇丛，回想在浅滩浅窠中的妈妈吗？

长发的那只并不比我的好些。它一粒米也不吃，只是一刻不停地跑，转，到完全累了之后，就倒在地上不起来了。让它喝水，它喝一点点。第三天，长发的小芦鸡死了。长发把它葬在园里，还做了一个小坟。

我知道要是老把它拴在椅子脚上，我的小芦鸡也活不长，就把它解开了，让它在天井里活动活动。不过门是关好了的。小芦鸡开始在天井里到处跑，跑了一会儿以后，忽然钻到天井角落上的水缸旁边去了，好久没出来。这时我突然想起，水缸旁边的墙上有个小小的洞，那是从前的猫洞，现在已经堵住了，它会不会钻进洞里去？急忙移开水缸，已经晚了！小鸡已经钻进了那个墙洞，塞住在里面了。要想从这洞里钻出去是不可能的，可是要退回来，也已经不行。我们想各种办法帮助它出来，最后我甚至要妈妈把墙壁敲掉，可是即使真的敲掉墙壁也没有用，小芦鸡已经活活地塞死在洞里了。

为这事我哭了一场，不是为的我失掉了小芦鸡，而是为的小芦鸡要自由却失掉了生命，我觉得这是一件极悲惨的事，而我要对它负责的。

只有灿金和王康合有的那只小芦鸡命运比较好

些。他们不光给它米，还到芦苇丛里去捉蚱蜢来喂它。有时候，灿金还牵着它到河边去走走，让它游游水，再牵回来，就像放牛似的。所以它活下来了。

王康家里养着一群小鸡，他们就让芦鸡跟小鸡在一起。过了半个月，就是解开了绳子，小芦鸡也不逃了，它混在家鸡群里，前前后后地跑着，和别的鸡争食小虫。它比家鸡长得快些，不多久就开始换绒毛，稍稍有点儿赤膊了。可是，它终究是不快乐的，常常离开家鸡群，独自在一旁呆呆地站立着，而它的骨头突出在外，显得那么瘦。

大家都说，灿金和王康养的小鸡“养熟”了，说它将会长得很大，很肥的。

可是有一天，小芦鸡逃走了。那时鸡群在河边的草地找虫吃，小芦鸡径直走到河边，走到河里，游过河去，对面是一带密密的芦苇，它钻进芦苇丛，就这样不见了。

第二年夏天，天旱。梅花溇的水完全干了，河底可以走人。有一天，金奎叔来敲门，告诉我说，从河对面走来了两只小芦鸡，他问我要不要去捉。我跑去一看，果然，两只小芦鸡在河旁走着，好像周围没有什么危险似的，坦然地走着。它们的样子完全跟去年我们捉到的那三只一样。

我看了看，就对金奎叔说："不捉它们了吧，反正是养不牢的。"

金奎叔点点头说："是呀，反正是养不牢的。有些小东西，它们生来就是自由自在的，你要把它们养在家里，它们宁愿死。芦鸡就是。"

多难的小鸭

我从前养过一只小鸭，它是一只多苦多难的小家伙。

有一天，我的娘舅送来半篮喜蛋。喜蛋是一种孵了一半的蛋，煮着吃是很鲜的；也许只是我们家乡有这种喜蛋。我的奶奶把这篮喜蛋搁在灶梁上，预备明天煮着吃。但是晚上我听见那篮里有嘎嘎的叫声，我请奶奶把篮子拿下来看看，只见上面的一个喜蛋破了，一只小小的黄脚在伸出来。我用手碰碰它，它就嘎嘎地叫得更响了。我叫起来："哈，喜蛋活了！喜蛋活了！"我们剥掉了蛋壳，让小鸭出来，它连站的劲儿也没有，光着身子，瘦骨伶仃的。妈妈说喜蛋里剥出来的鸭是养不活的；可是奶奶细心地把它放在灶门前烤火，它的身子干了，变成一只黄松松的漂亮小鸭子——这小鸭就算是我的了。

我用棉花在纸匣里给它做个窠，让它睡在里面，把纸匣放在床隔板上，我觉得这是最安全的地方。可是到了晚上，老鼠就来拖它了，把它拖出纸匣，一直拖到床底下；这傻瓜连一声都不叫，也许是老鼠坏，咬住它的嘴不让它叫。正好我要小便，妈妈给我点了灯，老鼠就索索地逃走了。我拿起纸匣，看见鸭子没有了，就叫起来。妈妈用灯照照床底，发现了小鸭，才用扫帚把它拨出来。

可怜的小鸭被咬伤了肩胛，只是瞪着眼。后来奶奶戴上老花眼镜，给它洗伤口，给它敷万金油，治完了，我们把纸匣放在篮里，把篮子挂在空中，这样来使它不受老鼠咬。

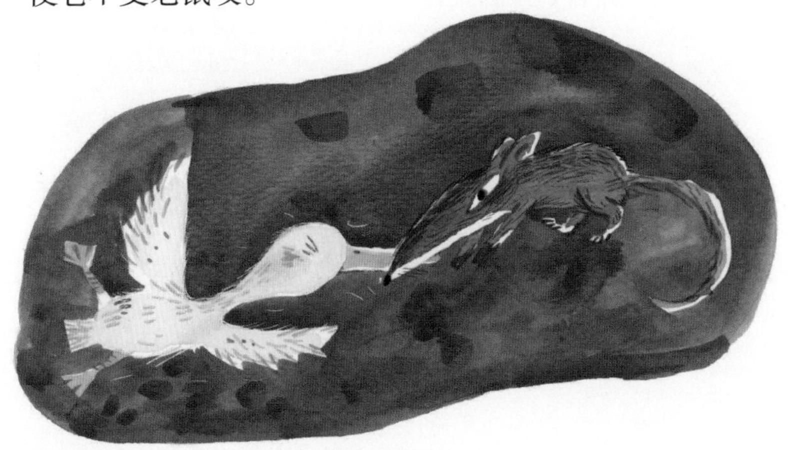

过了三天，小鸭的伤就好了，也能出来走走了。它摇摇摆摆地走，走一步嘎地叫一声，有时走得太快，它就会留不住步，扑跌在地上，要半天才挣扎得起来。而且它的脖子是歪的，永远向右边侧着，就像对什么都感到惊奇似的；这是因为老鼠咬坏了它的骨头——但是尽管有这些缺点，我还是很喜欢它。我开始来训练它，让它能跟着我走，我走到哪儿，它就跟到哪儿。

接着就来了第二个磨难，我的“太先生”——就是我父亲小时的先生，来做客了。他是一个读古书、踱方步的老先生，走路时每向前慢慢走三步，就要停下来，看看天，看看四周，有时会这样东张西望地待上一会儿才又走路——人家说，他的神经稍微有些毛病，是从前读古书太多，又被他的先生打脑袋打坏的。我们是知道他这个特点的，可是我的小鸭不知道，它只知道跟在人后面走。于是，当太先生走到院子里去时，小鸭就来跟他，刚走了三步，它就遭了殃，太先生刚停住脚，正好踏在它的身上，把它的左边翅膀踏住了。小鸭子疼得嘎嘎大叫起来，太先生也慌得几乎跌倒。后来，又是奶奶给它治了伤，敷了万金油。奶奶还说，这小鸭子福分大，幸亏太先生今天没穿那双又大又重的“粉底乌靴”，只是穿了双布鞋，要不然，它早就变成一块肉饼了。不过我想，要是小鸭子的脖子不歪的话，至少它的脑袋要保不住了。这么说起来，它的歪脖子倒救了自己的命。

小鸭子的翅膀好了以后，天忽然下了场大雨，天井里积满了水，像个小池塘了。我们就来教它游水。但是小鸭子根本用不着我们教，它摇摇摆摆地走到水边，先用嘴去试试，就扑通跳了下去，头也不回地向天井中间游去，还神气地朝我们看看。不一会儿，它就游得挺好，还会钻到水下面去捉虫吃了。我们都很高兴，说小鸭子这下子可找到个好地方玩了。谁知道水退得很快，到傍晚，天井就干了，我的小鸭子呢，也无影无踪，不知道到哪儿去了，就像它是只糖鸭子，已经被水溶化了似的。

这一夜我没有好好睡，半夜里还醒来叫：“我要小鸭，我要小鸭。”吵得奶奶和妈妈也睡不好。第二天早上，奶奶去扫天井，忽然听见墙角里有轻轻的嘎嘎的叫声，就是看不见小鸭在哪儿。她起先以为是“心注病”，可是嘎嘎的声音越来越清楚了，她仔细一听，才发觉小鸭是在阴沟里面叫呢！——原来，水退的时候，小鸭跟杂草、枯枝一起被漏进阴沟去了，我们还说它很会游水呢！

费了很大的劲儿，才用火钳从阴沟里把它钳了出来。这时的小鸭子样子才狼狈呢，它一声接一声地叫着，扇着翅膀，摇着脑袋，想把身上漆黑的污泥弄掉。我们都大笑起来，它就绕着阴沟口转了个圈子，还朝里面探探头，好像自己也不知道怎么会跑到里面去似的。

不过最大的一次磨难却是它和小鸡争食的那次，这可完全得怪它自己。那时，妈妈又养了五六只小鸡，就跟我的小鸭养在一起。平常吃米的时候，是分开的，小鸡一只盘，小鸭一只盘。但是有一次，小鸡的盘子打碎了，妈妈说，今天让它们跟小鸭一起吃，让它们“聚餐”，就把米都放在小鸭的盘里。“聚餐”开始了，小鸭却一点儿也不客气，根本不让小鸡走近它的盘子；它先抻长脖子，嘎嘎地咬小鸡，把小鸡赶走，然后自己吃，就这样把一盘米全吃了。

半个钟头以后，小鸭子就不舒服起来，老用一只脚抓自己的胸脯，还张大嘴“嘿”地喘一口气；最后，它在地上，只有喘气的劲儿了；它的肚子却可怕地突了出来，甚至向下垂，因为米在它的肚里胀了起来。我看见它这样，就跑去报告奶奶说：“奶奶，小鸭子要睡觉了，它在那里老打哈欠。”奶奶走去一看，摇着头叹道：“唉，什么打哈欠，这是‘贪心害自命’了！它的肚子一定要涨破了！它这次可完了！”

奶奶又来医治它了：她把它的嘴掰开，让它吃人丹和十滴水。小鸭子吃好药，就一动也不动地躺着。我想，它一定很难受呢，我非常同情它。

它就这样躺了两天，我们都以为它一定要死了，谁知道在第三天早上，它站起来了，又摇摇摆摆地走动了。

小鸭子就这样活下来了，虽然它的磨难这么多。我现在回想起来，还觉得奇怪呢！

水胡鹭在叫

在我们家乡，每到春天，可以听见各种各样的鸟叫。最古怪的要算是水胡鹭了，它的叫声非常单调，老是咕噜——咕噜——一声接一声，尾音拖得长长的，在春天的田野中传遍，忽远忽近，引起人们忧郁沉闷的感觉。这简直不是鸟叫，而是一个不祥的水妖，藏在什么潭底，闷着鼻子在呻吟似的。

水胡鹭，水胡鹭，你这不祥的孤独的鸟，但愿你飞开我的家乡，飞到遥远的异地去！每年春天，你的叫声总要引起我一段沉重的回忆。

我十二岁那年春天，日本侵略者把我的爸爸跟我们隔开了，他在内地教书，我们却在敌人的铁蹄下过活。为了不至于饿死，妈妈叫我到姨夫家里去做客人，实际上，是去“吃白饭”。

姨夫家离开我家三十里，是在一个靠着运河的幽美小村里。到处是果林和桑园，到处是麦苗和油菜，一个个菱塘和鱼塘，映出片片新绿。百鸟在林间从清晨唱到夜晚。

姨夫和姨妈很喜欢我，不让我干活。我在村里各处溜达，却找不到一个可以交结的朋友。这儿孩子似乎特别少。

一天，我正在田沟里捉蝌蚪，忽然，附近传来一阵古怪的声音，咕噜——咕噜——好像一个老头子在叹气，好像一个孩子在叫嚷。

我想，这是什么人在叫？我听了一会儿，那声音没变，仍是一声一声单调地响，只是越发像孩子的声音了。

我知道村子右面是运河。于是我想起，姨妈说过，运河挺深，常淹死人，叫我别去玩水。这时，那叫声带着哭音了，而且似乎是："救救我——救救我——"那么绝叫着。

我扔下所有蝌蚪，拔脚便向那声音的方向跑去。

那会是什么人呢？当然，那是一个孩子掉在河里了，被水草缠住了，快淹死了，这是用不着多想的！

我一口气跑到运河边上，钻进密密的桑林，站到油菜花中，再一听，那叫声反倒没有了——这可把我搞迷糊了，那个孩子难道被水冲下去了？

正在这时候，油菜花丛中忽然发出嚓嚓的割草声。

我拨开菜叶，从空隙中瞧去，只见一个女孩子正在一块青草地上割草呢。

我说："喂，刚才可是你在这儿叫嚷？"

女孩子看看我，把茅刀锋口在头发上擦擦，用手背抹抹额上的汗。她说："我没有叫。我一声也没响过。"

我看她的样子也不像叫过，那么是谁在叫呢？

"你可听见有人在叫救命？"我问她，"就在这一块，叫得挺惨，像是快淹死啦！"

女孩子脸发白了。但是她摇摇头说："没听见。"

"奇怪呀！"我不觉叫了起来，"他叫嚷得那么响，你都没听见！救救我——救救我——那么叫的！"

女孩子仰起头来想了一想。这时，我发现她长得挺好看，特别是她那拿着茅刀站立的姿势，像一棵结实可爱的小树，十分挺拔，十分秀丽。

她朝我笑了笑，说："来，跟我来听听！"

她带我钻出桑树丛和油菜花，来到河岸上。

这儿空旷，远处的声音听得清楚。她说："是不是那声音？"

我仔细听时，果然，刚才那叫声还在，不过离这儿挺远，似乎在运河对岸的芦苇丛中。

我说那就是刚才我听到的声音。小姑娘不觉扑哧一声笑了起来。她说："那不是人在叫。那根本不是人，而是一种鸟哇！那是水胡鹭在叫。你怎么不知道？"

我脸红了。我告诉她，我到这儿来才几天，所以不知道那是水胡鹭在叫。我还说，这样的鸟我从来没见过。我想去捉一只，我问她愿不愿意领我一起去捉。

小姑娘摇摇头。她说水胡鹭是一种古怪的鸟，它整天躲在水里，怎么也找不着的；再说，她也没有空闲，她要割羊草。说完，她就弯腰割起来。

我觉得这小姑娘虽然有些严肃，可是还可爱，跟她在一起比独个儿捉蝌蚪好。我回去拿了箩和茅刀，也来割羊草。刚动手，刀口就碰在脚背上，削去了一块皮，血流了出来，痛得我捧住脚，坐倒在地上，用嘴巴向伤口吹气。

小姑娘说："吹气有什么用？你别动，我来给你医。"她摘了一片什么叶子，放在嘴里嚼了嚼，把它贴在我的伤口上。血马上不出了，过了一会儿，也不痛了。

我于是又割起来。

小姑娘说：“哎，你割羊草怎么直砍下去的？你是在掘地吗？喏，把刀拿平，这样下去，这样，这样。”

她拿起刀，嚓嚓几下，野草被刀连根削断，一棵棵完整地落到了她的箩里。我回头看看自己箩里的野草，被刀砍得粉碎，只剩一瓣瓣叶子。

很快，她的箩就满了；接着，我的箩也满了，因为她割满了自己的箩就来帮我割。她专心一意地割，不说一句话，薄薄的嘴唇紧闭着；几绺头发落到额上，也不去理一理；她的眉毛微微蹙着，伴着细巧的鼻子，显得很漂亮——可是我不敢多看她，我怎么好意思让她出力，自己反倒偷闲呢！

割完了，她把茅刀往箩里一插，把箩索在肩上一套，说：“走，回去。”

我们一起回到村里。在路上，她仍然很少说话，不过我知道她叫阿芦，住在村东的八卦墙门里。

第二天，阿芦来约我了，说：“你今天还去割吗？”

我很高兴地跟她走了，又到了运河边的那块空地，还是默默地工作，默默地回家。但这比独个儿打发日子好得多。

表哥问我，喜欢这新朋友不？我说，我很喜欢她，可是有些怕她，她不爱说话。

表哥笑着说，用不着怕她，她是非常可爱的小姑娘。只不过，她的担子太重了，十二岁的孩子，要管一家的杂事，洗衣、烧饭，什么都是她的工作。她割羊草就是为了羊草，可不像别的孩子那样，一边割，一边玩。她每天起码得割五箩草呢。

没有等多久，阿芦就跟我好了。

起先，她打听我的身世。我把一切告诉了她，一点儿也没隐瞒，因为我讲得真诚，她跟我更亲近了。我们几乎时时刻刻在一起，除了她做家务事的时候。

她跟所有的孩子一样喜欢玩。她喜欢用草花和映山红编成花圈，戴在自己头上，有时也戴到我的头上；她喜欢爬到桑树上去摘桑子，她摘的桑子总是最大最甜的。只是因为她有干不完的活，她才急匆匆地来去，闭紧嘴巴工作。

我知道她家很有钱，是村里唯一的一家地主。家里只有她和妈妈、弟弟。

一次，我问她："你们家不是很有钱吗？你干吗这样拼命干活？"

她没有回答，半晌才喃喃地说："妈妈……"

"你的妈妈对你很凶吗？"

她不响，我看见泪花在她的眼里闪动。

妈妈，妈妈，世界上有多少个善良的妈妈！她们的温柔的眼睛，比天上的星星更多。在晴朗的晚上，我喜欢凝望夜空。想象哪两颗靠近的星星是我的妈妈的眼睛。

我不愿意老在姨夫家里吃白饭，这比什么都难堪！可是，为了不让妈妈增添忧愁，连这种难堪我也愿意忍受。

但阿芦有一个凶恶的妈妈——这也许是她的不幸的根源吧！

阿芦的妈妈，一个矮小干瘦的老太婆，我看见她整天坐在廊前糊纸锭。她的嘴唇不停地颤动，老在念一句经咒，眼里凝着恶意的光。

在她的身旁，永远放一根粗木棒。她用这根木棒来吓退闯到门里来的鸡群；她也用这根木棒来吓醒瞌睡的小儿子。

阿芦的弟弟，脸色黄黄的、浮肿的，整天精神萎靡地坐在小椅子上，呆呆地望着天空，一刻不停地用手指摇撼自己的门牙。有时候，坐着坐着，他就瞌睡了。这时，他妈妈就用那根粗木棒敲着地上，喊道："嗬——哎，嗬——哎！"

这样他被吓醒了，于是又用手指来摇撼牙齿。

她也用这根粗木棒来督促阿芦。譬如说，到了该煮饭的时候了，她用木棒敲地，叫道："阿芦——淘米去！"

如果阿芦回来得迟了一步，那木棒就敲在阿芦的脚骨上或者背上。

敲过，骂过，她立刻又喃喃地念起经咒来。

——这就是阿芦的妈妈！世界上除了善良的妈

妈，竟还有这样可怕的妈妈，这是多么古怪的事呀！

可是，我终于知道了事情的真相。

这一天，天气陡地转暖。我们割完羊草，两人都脱得只穿单衣了。这时，我发现阿芦的脖子下面靠近肩膀处有一条红肿的伤痕。同时，我还发觉她的一只耳朵也肿起来了。不用问，这又是她妈妈干的。

我说："阿芦，你的妈妈真是最坏的妈妈！"

不料，阿芦的眉头紧蹙起来，涨红脸说："瞎说！你又没见过我的妈妈！"

"怎么，我没见过！整天在那里咒人，整天在那里吓人的，不就是吗？"

"那不是我的妈妈！她根本不是妈妈，她没有生过孩子！"阿芦几乎是嚷了起来，眼里充满着泪水。

过了一会儿，阿芦平静下来，和我并排坐在河岸上，对我说："我的妈妈跟你的妈妈一样好，只不过，她走了，到杭州做用人去了。她也许永远不回来了！"

原来，阿芦的爸爸娶了两个妻子。第二个妻子原本是个佃户的女儿，她生了阿芦和她的弟弟。六年前，爸爸死了，第一个妻子凶恶地折磨阿芦的妈妈，最后把她赶了出去，从此没回来过。阿芦和弟弟就孤苦地生活下来。

这可厌的老太婆不是阿芦的妈妈，这使我感到痛快；而我对阿芦的同情心，却更快增长起来。

我说："既然你的妈妈在杭州，我知道到杭州去的路，我们到杭州找你妈妈去！"

阿芦从晶莹的泪光中望着我。

水胡鹭又叫了，就在我们的近旁，是那么缓慢，又那么忧伤，似乎是失去了女儿的妈妈，在那里悲叹："阿芦——阿芦——来呀——来呀——"水胡鹭的叫声就是这么古怪，你心里想什么，它的声音就会像什么的。

我们决定：明天一起逃到杭州去，帮她寻到妈妈。

第二天，我偷偷地打好了小包裹，还塞进一大把番薯干，准备在路上做干粮。可是我们没有找到逃跑的机会，因为村里有一伙人到荡口去挑鱼秧，阿芦的妈妈叫她也去。他们清早就出门了。

我心神不定地在村中彷徨，从早晨等到天黑。

掌灯以后，我的表哥才回来，他也是去挑鱼秧的。一看见我，他就说："阿芦出事了。在回来的路上，她晕倒了！一个十二岁的女孩子，走上四十来里路，还要挑半担鱼秧，真作孽！是我把她装在箩里挑回来的。"

我呆住了，像一段木头。

但是接着来了第二个打击：表哥找衣服，发现了我的小包裹。于是来了一场审讯。在三个"法官"面前，我招供出全部计划。

他们没有责罚我，可是告诉我一个比任何责罚还痛苦的事实：阿芦的亲妈妈在五年前就死了。这在全村都知道，只是瞒着阿芦和她的弟弟。

我还能用什么办法去帮助阿芦呢?!

阿芦病得十分重。

我虽然害怕那个干瘦的老太婆，还是去看了她两次。第一次，我在阿芦床前站了一会儿，还没说一句话，那老太婆就在院子里敲木棒，大声呼喝了，她是在赶鸡，同时在赶我。我只好回来了。

第二次，阿芦已经瘦得几乎认不出来了。只是秀丽的眉毛和细巧的鼻子，还说明这就是那个可爱的小姑娘，就是那个教会我割羊草的好伙伴。

她勉强地抬起半个身子，看着我。深陷下去的眼眶里，忽然充满了泪水。

“等我好了，”她用非常轻的声音说，“我们再逃走。我们会找到妈妈的！”

这时她笑了。

我倒宁愿她哭。但是她笑了。我觉得笑比哭更使我难受。

春天快去了。暮春天气是最令人困倦的。

百鸟的叫声已经不像过去那样动听，鱼塘里映出的已不是片片新绿，而是浓绿夹着麦子的金黄。我不再去割羊草了，整天关在家里，干些无聊的事解闷。我用饭粒钓水缸里的三条鲫鱼。

忽然，我听见后门外面远远的地方有个孩子在叫："哎哟——哎哟——"像呻吟也像呼救。

我吃了一惊。注意听时，那声音好像又远去了一些，但还是那么清晰，似乎是阿芦的声音。

可是，阿芦生病还没好呢，她怎么会在野田畈里叫？我继续钓鱼。

"哎哟——哎哟——"那悲惨的叫声又在远处响了。一点儿也不错，这是阿芦！是她妈妈又在打她了吗？

我丢开钓竿，跑到后门。风，夹着田野的湿气扑到身上。天是灰蒙蒙，阴沉沉的，低压着绿色的田野。

"哎哟——哎哟——"叫声依旧，这会听得更清楚，就在运河那边，就在我们割羊草的那儿。

我寻着声音走去，阿芦的哭叫声就在前面忽远忽近地传来。我想，也许是那个老太婆逼她抱着病来割草？也许是她又想念亲妈妈，跑到河边来哭叫？

我沿着往日走熟的路，走到运河边上，但那里并没有阿芦。

河水深黑，嘭吧作响，广阔的河面上一只船也没有，面对着运河，我想起了几天前和阿芦一起割草的情形，感到从来没有过的凄清。而那叫声却越去越远，似乎向着遥远的不可知的地方去了。

我突然冷得颤抖了一下。虽然是暮春天气。

第二天，表哥告诉我，阿芦死了，是昨天下午断气的。

我禁不住流下泪来。

我说："昨天下午，她哭叫来着，我听见她哭叫来着。"

那时我还相信大人讲的话，他们说，当小孩子死的时候，他其实没有死，而是"魂灵"被一个巨人捉去了，被他塞在腰间的大鱼篓里，带走了。小孩子们在里面挣扎，但很少能挣扎出来的。昨天，阿芦也是被那巨人带走的吗？她在篓里挣扎，哭叫，她多么不愿意死呀！

表哥说："别瞎想！人是没有魂灵的，小孩子也没有魂灵。"

“可是那叫声是清清楚楚的呀！你听，她就是哎哟——哎哟——地叫，越去越远。”

“哎哟——哎哟——每叫一声停很长时间，是吗？那就是了。你怎么连这个都不知道，这是水胡鹭在叫哇！”

水胡鹭，不是常在叫的吗？可是昨天的声音不像鸟叫，明明是个女孩子的声音哪。

表哥领我到田野里。忽然，他说：“听！”

在远远的地方，果然昨天的叫声又响了起来，不过，它不是哎哟——哎哟——而是咕噜——咕噜——

表哥说：“可不是吗？这就是水胡鹭！春天快去，水胡鹭的叫声越来越悲切了！”

真的，这是水胡鹭在叫。昨天，是我听错了。可是，阿芦是真的死了呀！

阿芦就葬在运河旁边那块长满青草的空地上。现在桑叶已经变老，密密丛丛地掩盖着她的坟。

水胡鹭就在她身旁不住地悲叹，悲叹……

打　赌

萤火虫飞上河岸，在芦苇和蔷薇丛间闪闪放光，青蛙像木鱼一样地敲起来，跟纺织娘的叫声合成夏夜的二重唱；艾烟弥漫在空中，老年人拍着蒲扇。

我们一排儿坐在一根横倒的樟树干上，对着夜色笼罩下的旷野，争着讲鬼怪故事。故事是越来越可怕，我们也越挨越紧。

后来归结到一个问题：谁最大胆？——于是引起了争执。我的声音压倒了大家的："我最大胆！"

"你？"猫头鹰长水说，"呸！"

"怎么，不服气？就比你大胆！"

长水说："空口讲讲有啥用！你敢打赌？"说时，他的两只大眼睛像真的猫头鹰那样转动。

"我？怎么不敢！偏跟你赌！"

我们的条件是：我在黑夜里到“万国公墓”去，摘一枝龙爪花回来，就算我胜。我们赌的是五个喜鹊蛋，外加两个栗子爆（不过读者要明白：喜鹊蛋是败者给胜者的，而栗子爆却是胜者给败者的，因为所谓栗子爆，并非炒栗子之类的东西，而是用拳头在后脑勺痛击一下的意思）。

老实说，喜鹊蛋对我并没有什么吸引力，我只是输不了这口气！特别是猫头鹰，我和他还有些积怨呢。

讲好条件，我立即出发，在孩子们的窃笑声中，向着旷野走去。

开始时，我的脚步是坚定的；到了村口的那丛夜娇花旁，夜色似乎更浓，而油葫芦的叫声，嚁嚁嚁地传来，似乎向我暗示：旷野是多么广阔，公墓里又是多么阴森！我的脚步放慢了，终至停了下来。

“万国公墓”虽然是我玩熟了的地方，我甚至闭着眼睛也能摸进去把龙爪花摘下来，可是那终究是白天的事！而现在——

夜风扑打衣襟。除了星星在头上眨眼，周围是一片模糊的灰暗。更糟糕的是，故事中的所有鬼怪，会不会突然出现？即使我相信鬼怪是编造出来的，但是万一自己的眼睛花了，看错了些什么，也够吓死人！

我正预备回转身，硬着头皮去受用那两个栗子爆，我的救星突然出现了：从夜娇花丛中钻出一个女孩子来。

这是杏枝。她是猫头鹰的妹妹，却是我的好朋友。

“你不要上他们的当。”杏枝说，“我的哥哥和别的几个人想捉弄你。他们说，要吓得你妈妈也叫不出，我听见了跑来通知你的。”

“我跟你哥哥打赌了。五个喜鹊蛋，两个栗子爆。”我尽量忧郁地说，我知道她会同情我的。

“不要输给他！”小姑娘说，“去，我陪着你！我还有电筒。”她的“电筒”是一个玻璃瓶，关着半瓶萤火虫，这光亮可以照见两步以内的东西。

她把手给我，我拉着。我们向公墓走去。

有一个伴，黑夜已经失去魔力，而且这是一个温柔的小女伴，一路上，她不停地说话，把她外婆讲过

的故事讲给我听。指着星，她告诉我，这是镰刀星，那是织女星，那是扁担星……每一颗星有一个故事。

在我看来，所有的星都是一样的，况且扁担星也根本不像扁担，不过这些故事使我忘了一切鬼怪，这样我们不觉已经到了公墓门前。

杏枝说："他们也许已经抄小路过来，躲在门口，想把你吓跑。我们别上他们的当，我们不从大门进去，从围墙缺口爬进去。"

我们找到围墙缺口，攀着野藤，爬了进去。

公墓里，青蛙呱呱呱地叫成一片，好像这里是它们管辖的世界；两三条四脚蛇，从我们身旁簌簌地钻了开去。我们站在坟堆中间，一时不知道该往哪里走才好。

这"万国公墓"是普救会造起来的，说是公墓，其实是"乱坟堆"。有时候，死人连棺材也没有，草草地用蒲包一裹，就埋到土里去了，前年我们来捉蟋蟀，还曾翻出只死人脚跟，险些吓出一场病。

现在，我们就站在一个大坟的旁边，坟上的草微微摇动，好像一只大手在抓头上的痒似的。突然，故事中的那些鬼怪又来到我的脑里，我的脖子好像僵硬了，只会向前看，不能转动了。我就这样呆呆地站着不动。

杏枝却仍是那么自然，也许是她没有听过那些该死的鬼怪故事吧。她说："走哇，离这儿不远就有龙爪花。"她放开我的手，向旁边走去，我急忙跟上她，又紧紧地拉住她的手，生怕一放手就会突然寻不到她。杏枝说："你怎么啦，跌跌撞撞的，看不出路还是怎么的？"说着用手里的"电筒"来照我，还把手臂挽在我的手腕上，而这确实增加了我的勇气。

我们终于找到了龙爪花，摘了一枝，就从围墙缺口爬了出来。到了公墓外面，我们还拉着手走了一段路，我们这亲热的样子，要叫孩子们看到的话，不知道会怎么说呢。

我真感激杏枝。要是没有她，我今天会怎么样呢？我会吓破胆，我会吓得逃回去，于是受一顿讥笑，吃两个栗子爆，明天还得到处去找该死的喜鹊蛋。而现在，龙爪花在我的手里，我是胜利者。

在回去的路上，杏枝更活泼了，她唱山歌给我听，一边唱，一边挥动手里的瓶子，萤火虫看到光，纷纷飞拢来，扑向她，我们捉了不少，直到瓶子关满了为止。

这时，已经到了村口。我们看见一点灯光在河岸移动，杏枝叫道："咦，那是金奎叔在捉虾！金奎叔!"

河上传来了"嗯"的一声，那真是金奎叔的声音。

杏枝说："你自己回去吧。我要看金奎叔捉虾去。我要到他的小船里去，帮他划桨。"

我很想说些话谢谢她，可是结结巴巴地说不出来，我说："杏枝，我要分三个喜鹊蛋给你!"

可是一说出口我就懊悔了，干吗跟她说这种话呢！她难道稀罕喜鹊蛋，她帮助我又不是为了这个——我在女孩子面前就是这么笨，这么不会说话。

杏枝说："我不要喜鹊蛋。"她忽然把嘴巴凑到我的耳朵上，低声说道："我跟你好！懂吗？我不跟别人好，跟你好!"

说完，她咻咻地笑着，向河边的那一点渔火奔去。

这时，扁担星和镰刀星已经换了位置，我找不着它们了。夜风吹来，比刚才凉快得多。我向着村中艾烟升起、人声窃窃的地方走去，脚步是那么轻松，简直像能飞起来。

油葫芦的叫声，仍旧是那么深远，嚯嚯嚯！显出旷野的广阔和幽静，但这叫声是那么清脆好听……

我走到孩子们面前，把龙爪花交给猫头鹰长水。他们验明了这的确是生在“万国公墓”里的，便都没有说话。第二天黄昏，月光皎洁。艾烟又升起了，大人们拍着蒲扇，谈着笑话；女孩子们在河岸上追逐萤火虫……

猫头鹰诚实地履行诺言。在孩子们的监视下，我们互相交换喜鹊蛋和栗子爆。喜鹊蛋是新鲜的，刚出窠的。我为了可怜他，请他吃了两个小栗子爆，只是第二个稍有些分量。

“怎么样？”我说，“服帖了吧？”

“服帖你？”长水说，“呸！”

“有胆量的再来打赌！”

“你，别吹牛！”长水说，“昨天你算好汉！有人陪你去的！”

“谁呢？”我脸红了，但知道他是猜的，所以还硬着嘴。

“小丫头！杏枝！你们时常在一起玩。”

于是孩子们哄起来说：“嗬！嗬！他们时常在一起玩儿啊！”接着齐声唱道：

夫妻两家头，

吃颗蚕豆，

碰碰额角头，

…………

我大声叫道：“瞎说！瞎说！”

“不是瞎说！不是瞎说！”

我羞得眼泪都几乎落下来了。在那时，我们把这种事当作大事情的，谁都要否认自己跟女孩子的感情，好像跟女孩子好了，就见不得人。

我说：“我根本没有跟杏枝好。她是她，我是我！”

猫头鹰说：“嘴巴讲讲有啥用！”

“那么要怎样才算真的呢？”我问。

猫头鹰说：“你敢去打她，我们才相信！”

这猫头鹰，真比猫头鹰还坏，他居然怂恿我去打杏枝呢！现在想起来，我还恨他！

不过那时候我的头好像昏了一样，我的确被羞惭弄昏了头，我竟会答应这荒唐的要求。

“好，”我说，“打她就打她，反正我不跟她好！”

猫头鹰说：“你不敢打她的！我跟你打赌，你不敢打她的！我这里还有三个喜鹊蛋，我跟你赌这三个蛋！”

我这昏了头的傻瓜，竟会答应跟他打赌！好像这是三个金蛋似的。不，就算是金蛋，也不该和他打赌，我赌的不是蛋，而是世界上买不到的东西，最纯洁、最可贵的小姑娘的友情啊！

但是我糊涂到这样：我走过去，走到小姑娘们前面，那时她们正在地上造“房子”。

我走到杏枝面前，她正跷起一只脚在踢石子，她怎么也不会想到我要干什么的，所以毫无防备，照旧踢。她已经踢得满头大汗了，鬓发都湿漉漉地沾在额上，还微微喘着气。

我犹豫了。

可是，后面有人在咳嗽，在窃笑，还似乎有人在说："我原说不敢的……"

我横了心，就向杏枝撞了过去。我觉得自己撞得并不重，可是杏枝是用一只脚站着，所以马上扑通一下跌倒了。

我看也不看她，回过头就走。

男孩子们哄然大笑起来。他们达到了目的，他们看到我上了钩，都满意了！而后面，却传来了杏枝的哭声——我立刻想到我做了傻事，但已经晚了！

我拿着打赌赢来的喜鹊蛋，但我好像拿着几块火炭，烫得我坐立不安。我偷偷望去，杏枝还坐在地上，在擦泪。她不再造"房子"，呆坐了一会儿，就回去了。走过我的面前时，她瞥了我一下，泪花后面的眼光是那么怨恨，刺得我发慌，她低低说了一句话，似乎是："没良心！"便走了。

我呆坐在那里，什么也不想玩，直坐到艾烟熄灭，人们散尽。杏枝的哭声久久地在我脑中回响。从此以后，杏枝不再理睬我。逢到我，她总是冷冷地转过头去。我知道她心里又在说："没良心！"所以不敢和她说话。后来我也避开她，因为看到她，心里就有些惭愧。

这样过了一个多月，我以为她一辈子不会跟我好了。有一次，我因为钻到竹林中去捉蟋蟀，被一窠黄蜂咬肿了脸，躺在家里动弹不得。杏枝来探望我了，虽然还是不说一句话，但她给我带来了两只煮熟的螃蟹。

我的脸好了以后，我们又和好了。不过从此以后，我再也不敢欺侮她了。我们似乎再没有吵过架。不久以前，我回到故乡去了一次。杏枝已经是生产队队长，又是团支部委员，合作社的人都称赞她能干，可惜她正到县里开会去了，没有遇到她。我跟她哥哥长水谈到那次"打赌"的事，长水摇着头说完全记不起了。我想这不是真话，一定是长水怕难为情，不想谈它。

风　筝

最后一场春雪刚刚从枯黄转青的草地上融化，风，开始从尖厉转得柔和，最早的几只风筝就出现在天空。

在我的童年，生活是那样困苦，能吃饱肚子已是最大的幸福，玩具是根本没有的。唯一的例外是在春天，我们可以玩风筝。

在六岁以前，我没有独立地放过风筝，妈妈怕我在山冈上摔断腿，只让我跟着隔壁的贵松哥哥，做他的“跟屁虫”。

贵松哥哥比我大三岁，在村里以掏鸟窠和打架著名，大人们甚至把他作为顽皮的榜样来教诫自己的孩子。但他从来不欺负我，相反，倒是我的保护人。“跟我去玩好了，”他总是这样对我的妈妈说，“我会管他的。”真的，跟着他，我从来没有吃过亏。

跟贵松哥哥去放风筝，我的任务是用两手捧住风筝，平直地举着，只等他大叫一声：“放！”我就赶紧松开手，让他把风筝拉着向前冲去，越冲得快，风筝越易飞高，等他跑开三四丈路模样，在山冈尽头收住脚步，风筝往往已经飞到天空，“站稳”了。这时，我就欢呼着，奔跑过去，贵松哥哥就让我拿一会儿绕线的竹棒。竹棒是重重的，拿在手上，就像拿着只富贵的野白鸽，稍稍疏忽它就会飞走。贵松哥哥用一只脚擦另一只脚（他终年赤脚），得意地望着他的风筝，一再叮嘱我：“拿牢哇！拿牢哇！”遇到风大时，我更是用全部精力来拿这根竹棒，连心也激奋地跳动起来——这一刻，我体会到放风筝的真正乐处。

我七岁那年，有了第一只风筝，这是一只最简陋的小小的“衣鹞”，于是，我和同年伙伴们一块举着风筝，在村中走过，看到有些孩子羡慕得把手指放在嘴里，有些孩子用绳拖着块碎纸，也奔跑。我亲手把风筝放上天空，学着贵松哥哥的样，把绕线的竹棒插在地上，自己躺在旁边，悠闲地嚼着“酸茎草”。有时候，贵松哥哥还敢来一手冒险勾当：故意让竹棒脱手，风筝就像断线似的飘去，竹棒像野兔一样，在地上一跳一跳地逃去，等它跳得相当远，他才发一声喊，追上去扑住竹棒——不过那时我还不敢这样冒险。

在春天明朗的蓝天中，风筝是各色各样的：从四角方方的“瓦爿鹞”（鹞就是风筝），到气概华美的“老鹰鹞”和“蝴蝶鹞”，高高低低，远远近近地在空中飘荡。我的“衣鹞”只有半张报纸那么大，在两边用红水印着“福”字，这种风筝是最普通的，你只要花三个铜子就可以在杂货铺里买一只。我的同年伙伴们大都是放这种风筝的，仅仅在尾部的装饰上有些不同：有的挂上一丛细纸条，有的贴上一串彩纸圈。对着那些华丽的风筝，我们只能用羡慕的眼光，久久地望着，欣赏，评论，叫好。

但是真正的奇景是河对岸金家桥村的那只“蜈蚣鹞”。每当它在天空高高升起时，所有的风筝都黯然失色，变得像在凤凰面前的麻雀那么渺小。“蜈蚣鹞”翱翔在最高的天空，就像一条游龙那样矫健，它还会发出嗡嗡的巨响，这更增加了它的神采。

最向往“蜈蚣鹞”的，要算是贵松哥哥了。他总是跪在草地上，张大嘴，情不自禁地仰望天空。他说，这“蜈蚣鹞”是金老望店王家的，是用四四十六节风筝连成，节节有水缸那么大。放这风筝，要两个大人用粗麻线才拉得住，若叫我们去放，起码也得五个人拉——我们都相信这些话，因为贵松的叔叔就是在金老望店王家做长工的。

回过头来，我们望望自己的小“衣鹞”，唉，那简直不是风筝，而是一块块纸片，用两个小指头就可以拉住。

当然，“蜈蚣鹞”我们是怎么也不敢想有的（除非是做梦），而我们确希望有一只大“蝴蝶”，翅膀软软的，浑身花花绿绿的，两只眼睛能骨碌碌转动的，还能装上一个哨子让它成为一只嗡嗡发响的大“蝴蝶”。不过这在当时也是种奢望，因为做一只“蝴蝶鹞”，需要不少的竹篾和桃花纸，还要一大团细麻线来放它。

我只是这样想想，而贵松哥哥却真的行动起来：他几乎爬遍了全村的树梢，去鸟巢里掏蛋。那时，专门养鸟的志西叔公还活着，他是愿意收买各种鸟蛋的，看你是麻雀蛋还是芙蓉蛋，每只蛋给你一个或者两个铜板。一天，贵松哥哥在桑树林里找到了两只翠绿色的长长的蛋，志西叔公反复研究以后，肯定这是画眉的蛋，就出十五个铜板收买了。这样一来，贵松哥哥马上把应有的材料买齐全了。

他整天躲在阁楼上，削哇，刨哇，扎呀，糊哇，汗珠从他那布满雀斑的脸上渗出来，滴湿了薄薄的桃花纸。我时常去看他，见他那么吃力地伏在铺满了竹圈、竹架和桃花纸的桌上，聚精会神地翘起嘴唇在那里工作，总是又尊敬又可怜他。我想，做一只“蝴蝶鹞”的工程真大，比掏到二十只画眉蛋还难哩！

我尽力地帮贵松哥哥做些事。在扎骨子时，我帮他拿着竹架，帮他结绳，要不他只能用牙齿来结绳，而他的门牙是不全的。贵松哥哥说，等“蝴蝶鹞”做好了，算是我们两人的。别的人，连碰也不会让他们碰一下的。

我们足足忙了三天。两只眼睛还是托别人装上去的。最后，一只神气漂亮的“蝴蝶鹞”就完成了。好容易等它的糨糊干透（我们一直在向它吹气），贵松哥哥就举起它，我跟在旁边，到山冈上去试放。

我们故意在没人看见的时候去试放的。果然，“蝴蝶鹞”刚刚升起几丈高，忽然一个筋斗，骨碌碌地翻了下来。我急得大叫“哎呀”，贵松哥哥却不慌不忙地在它的右边加上几块纸片。风筝又升起来，这会儿却向右边翻筋斗了，于是贵松哥哥又加重了左边的尾巴。最后，风筝不翻筋斗，却一直往下“坐”。这次在“三脚线”吊过以后，风筝就非常稳了。

贵松哥哥很快地放完了麻线。我们的“蝴蝶鹞”飘摇直上，在风中摆出了十分优美的姿态，而且发出嗡嗡的声音。我去拿住竹棒时，感到力量很重，不小心的话，会被它拉得跌跌撞撞的。贵松哥哥在旁边快乐得大翻筋斗。

但是，就跟我们常见的情形那样，风筝刚刚“站稳”，几滴稀疏的水珠从灰色的天空落下来——下春雨了。于是，贵松哥哥直跳起来，接过竹棒，以他特有的那种速度开始“抢收”。他的手腕转动得那么快，唰唰唰，像舞拳似的，竹棒上的麻线越绕越多，风筝也越拉越低，当春雨密集时，我们已经收下风筝，逃回家中了。

我们决定明天上午正式去放我们的新风筝。

第二天，天气晴朗，蓝天上飘着各式各样的风筝，正是我们的“蝴蝶鹞”大出风头的时候！我一次又一次地跑到贵松哥哥的阁楼下面，却老是看见窗户紧闭。我向窗口扔石块，高叫，丝毫没有得到回答。

最后，我忍不住了，就进屋去找到贵松的婶婶问道：“贵松哥哥呢？他出去了吗？”那婶婶望望我，冷漠地说：“嗯，他出去了。他到杭州去学生意了。他进当铺做学徒去了。”我好久好久说不出话来。

我悄悄到阁楼上去看，发现一切东西都散乱地堆在地上；钓竿折断了，鸟蛋掼破了，我们自己用烂泥塑起来的公鸡也粉碎了……我知道这一切都是他自己破坏的。我知道他的脾气。他是不愿意离开这里的，他是不愿意做学徒去的，为了发泄怨气，他在临走时破坏了一切东西。只有那只“蝴蝶鹞”完整无损地挂在壁上。是因为他心爱它呢，还是因为这算我们两人的东西，他才不撕碎它，踏烂它？我想了好久。

失去了贵松哥哥，我的春天失去了光彩。

我重新放起自己的“衣鹞”，呆呆地望着它。这时春天将去，天空中风筝已经少了。我的小风筝孤零零地在空中飘荡。我感到自己像它一样孤单。

映山红开了又谢了，谢了又开。

两年过去了。

第三年春天，贵松哥哥从杭州回来，他是来过清明节的。

我们马上拥到他家，叫他一起去放风筝。

可是，站在我们面前的，已经不是两年前的贵松哥哥了。他白胖，文静，穿着黑布长衫，戴着一顶瓜皮帽，帽上还装着个红顶。仅是这顶瓜皮帽，就可以充分说明他不是一个孩子，而是一个大人了，虽然他的身材告诉我们：他只有十三岁。

他看见我们，不像过去那样偷偷地蒙住你的眼，或者朝你扮个鬼脸，引起我们一阵欢笑，而是像大人那样庄重地坐着，不声不响地坐着。他走路时用手撩着衣襟，一步一步庄重地跨着脚；我们叫他放风筝，他笑笑，拒绝了；在山冈上，他既不翻筋斗，也没竖蜻蜓，只是稍稍站立了一会儿，就回去了——总之，他的一举一动，完全是一个大人样子。做一个大人，这没有什么不好，可是他终究只有十三岁呀！这样的年纪，在村里正是拉着风筝满山遍野乱跑的时候。他只不过是一个“缩小”了的大人。

晚上，我去找他，请他帮我修补风筝上的破洞。我们坐在阁楼上，他给我讲城里的生活，讲学徒的生活，他说，在那里，他从早到晚忙着干活，劈柴，生炉子，烧饭，洗衣服，抱孩子……整天板着脸，把“笑”也忘记了，更不要说“玩”了。在那里，师傅是不许学徒笑的。

他给我讲了不少事情，我可想的是另一回事。我想：真正的贵松哥哥哪里去了呢？也许被当铺里的师傅给锁在柜台里，永远出不来了；他们派了一个假的贵松哥哥来，他既不会爬到樟树上去掏鸟蛋，也不会放风筝。

过了两天，贵松哥哥就回店里去了。临走的时候，他的眼里充满了泪水。我拉着他的手，直把他送上了航船。

每到春天，望着风筝，我总要想起贵松哥哥，我总是想象他穿着长衫，戴着瓜皮帽，站在柜台前，呆呆地望着光秃秃的城市的天空。

我为他短促的童年叹息。

泰昌隆
洋貨
布衣
洋布
隆盛當
當

渡　口

我的小哥哥比我大三岁，可是比我懂事得多；在日本鬼子侵占我们家乡的那些苦难年头里，他像大人一般地替妈妈分担困苦。而那时他只有十五岁。

他挺会动脑筋，时常想出些有用的事情去做做，摸螺蛳啦，挖野菜啦，捉鸟啦，这些虽然不是了不起的事，但都可以给家里带来一些收入。有一个时期，他每天用布袋去套螺蛳，套来了剪去尾巴，用清水养养净，放些盐蒸来当菜吃。吃一两颗味道还鲜，吃多了硬硬的很不好受。我宁愿多吃些野菜，不愿吃螺蛳，可是小哥哥总是吃很多螺蛳，好像他的胃口和我两样似的。

后来，妈妈说，不要再去套螺蛳了。螺蛳只能当菜吃，不能当饭吃，而我们的粮食早就吃完了。你不能只吃螺蛳不吃饭的呀！

从那时起，我们每天吃苞谷粉和糠，里面拌些野菜，这样好咽些。

爸爸的信息一直不通。好借的都去借过，好卖的也都卖了，还能怎么办呢？我们开始吃豆腐渣。

豆腐渣实在难咽下去，粗粝粝的，一碰到喉头就痒得想呛。我抻长脖子，勉强吃了半碗；看看小哥哥，他正捧着碗发呆，忽然，他哭起来了。

小哥哥一哭，我马上觉得肚子饱了，再也咽不下一口豆腐渣了。

妈妈一声不响，大口大口在那里吃，好像完全没有想吃的是什么，吃下去就算完了一件事。

小哥哥把碗放在桌上，拿着筷子，眼泪直掉进碗里去。他出声地哭起来，一边哭，一边说："怎么办呢？我们要饿死了！"

妈妈说："尽哭，尽哭，能哭出饭来吗？"她把空碗搡在桌上，大声说，"这么大了，不会去赚钱，坐在家里吃白饭，还好意思哭！"说着，妈妈忽然也不出声地哭起来。

这样，我当然也哭起来了，而且哭得最响。

妈妈又来翻箱子了。但是估计能换钱的东西早就翻完了，现在还能找到些什么呢！

我站在旁边，想发现些好玩的东西。在箱底，妈妈找出一根细链条来。这本是爸爸的表链。表早就卖掉，这根链条不值钱，妈妈给留下了。

我向妈妈要了这链条，用来挂我的小洋刀。

可是小哥哥也看中了它，他说，这链条挺漂亮，应该穿在纽孔里，挂在胸前，当装饰品。他这样挂了以后，觉得很好看，走到镜子前照照。他愿意拿风景画片和贝壳跟我交换。

我要链条，不要风景画片。这样，我们争吵起来。

往常，小哥哥总是很快让步的，可是这次，他非常固执。他说："这是爸爸的东西，我不给你去弄坏它。你马上会拉断它的！"

我火了。我没有很好想一想，就学着妈妈的话说："你这么大了，不会去赚钱，坐在家里吃白饭！"

小哥哥脸色变白了，白得可怕。这句话伤害了他。他的手哆嗦着，解下链条，向我直掷过来。然后，他反身出门，走了。

我和小哥哥不常吵架，从来没有这样凶地吵过。我先是害怕，后来懊悔，最后担心：他在气愤中会走到哪里去呢?

小哥哥没有回来。我寂寞得连连打哈欠，挨过了难受的半天。

我问妈妈，小哥哥到哪里去了？她说，也许是进城去了。听说，城里正在招小工。妈妈责备我，下次不许再跟小哥哥讲这样的话，凭良心说，他还是个小孩子呀，叫他怎么去赚钱呢！“好孩子，你不要学我的样，我是急得没路走才说这样的话呀！我一讲出口就懊悔了……”

我也是一讲出口就懊悔的。现在他进城去了，但愿他早些回来，我就跟他和好。

已经傍晚了，小哥哥还没回来。城门口的铁丝网照例已经关上了，现在要出城来，只好从公路上走了。

一想起公路，我禁不住打了个寒噤！

上个月有一天，也是这样的傍晚，跑单帮的锦堂娘舅从公路出城来，有人听见日本兵在堡垒上开了两枪，锦堂娘舅从此没有回家。据说他的尸首被日本兵拖去了。只有公路边上的那块血迹，千真万确地说明他永远不会回家了。他的妻子带着女儿，在村后渡口叫过几次魂，凄厉的叫声一直传到村里，我似乎在梦中听到过，仿佛是："锦堂，回来呀……"

前几天，航船阿荣过"鬼门关"吃了一顿耳光，后来两个日本兵还把他抬起来，扔到河心。幸亏他水性好，没送命——那还是白天的事。

小哥哥也知道这些事的。那么他为什么不在关城门以前出城来，偏要从这条"阎王路"出来？是不是我的话使他伤心极了，他觉得做人没有什么意思了，才这样的呢？

我这样翻来覆去地想，心里充满了可怕的预感。

我不能再在家里等他了。我出了村庄，来到田野里，坐在渡口的一个水车棚下，眼巴巴地望着对岸的路上。

渡船，静静地横在河中，用木板连贯着两岸。夕阳把榆树影投到河里，小鱼在树影里喋喋作响。

一个人也没有来去。只有田塍上什么虫在唑唑叫着。

傍晚的渡口是这么荒凉。

我爬到榆树上，向远处望去。公路上也没人走动，一个日本兵站在堡垒旁，像木头雕成的一样。

而小哥哥还没有回来。

阳光渐渐淡了，终于，夕阳下山，余晖消失，树梢上、芦苇上、河岸上，那一抹抹淡淡的金黄色笼罩住整个田野，好像披上了一层青灰色的纱。

渡口更显得僻静，而且有些悲怆。

这时，我似乎预感到今天小哥哥一定要遭遇到不幸。

我甚至想象妈妈会怎样地痛哭，她的样子一定像前年小妹妹死的时候那样，或者会更伤心。

我也想象以后我要孤零零地一个人生活下去，我要独个儿去套螺蛳；如果别人欺负我，也没有人来保护我，给我报仇。

妈妈还将带着我到这儿来叫魂，我们的叫声也会传到人们的梦里……

最后的一群归鸟，从头上叽叽喳喳地叫着飞过，把我从沉思中惊醒。我再一次爬上榆树，向公路望去。

在苍茫中，看不清公路上有没有人在走，只有那堡垒矗立着，衬在暗蓝色的天空中，显得轮

廓分明。

我又坐到水车棚里，用手支着下巴，心里默数起来。我想，当我数到一百时，小哥哥就会在渡船上出现，就会惊喜地叫道："咦，弟弟，你怎么还在这儿等我？"

我数起来。数完了一百，茫然四顾，仍然只有芦苇在渡船边瑟瑟作响。

天色渐渐暗起来。正是黄昏和白天交替的时候。

但是小哥哥还没有回来。

在绝望中，我决定：等不到小哥哥，我不回家！

我爬上榆树，坐在一根粗树杈上。现在离开三四丈远的东西，已经模糊难认了，但是我固执地望着对岸。

忽然，远处传来一个人的叫声，好像是在叫："弟弟，弟弟！"我疑心自己听错了，也许只是河岸上一个什么虫吧？但是那声音越发近了，越发清楚了，那真是在叫："弟弟，弟弟！"因为隔得远，在晚风中，听不清那是不是小哥哥的声音。

停了一会儿，那叫声更近了，清楚地叫道："弟弟，你在哪儿？"

这不是别人，正是我的小哥哥！

我愣了一下，随即高声叫道："我在这儿！我在渡口！小哥哥！"

从村口的树丛里，一个白影飞奔而来，一看他那跳越水沟的姿势，就知道这的的确确是他——是小哥哥！

我从半丈高的树上直跳下来，向他飞奔过去，在田塍上，我们相逢了，我们撞了个满怀。

两个人同时喘着气，说不出一句话——不过凭良心说，除了喘气，还因为吵架的事有些不好意思开口哩。

还是我先喘好气。我说："小哥哥，你回来啦？你没有出事？"

"好好的，怎么会出事？"

"我一直在渡口等你！"我说。我还想说些什么，可是觉得话很多，一齐塞在喉头了。好像我们分开不是半天，而是半年似的。停了一会儿，我又说："我一直在渡口等你。我觉得对不起你，那句话我不该说的。要是你出了事，我也不想回去了。你怎么入村里来的？”

“我在铁丝网没关的时候就出城来了。”小哥哥说，“我在城外坍屋基上捡木头，捡了半衣兜，好当柴烧的。回到家里，妈妈说你到村外来等我了，我就出来找你了，找了好久，还不知道你在渡口呢！你一直等到这样迟吗？”

“那根链条我不要了。”我说，“我下次不再跟你讲那种话了。你不要再到城里去，好吗？要去的话，我们一起去，你不要一个人去！”

“不去了，还去做什么！他们招小工，砌码头，要抬石头的，谁也不愿跟他们干！别的活又找不到……”

我们这样说着走着，到了村里，月亮已经在河岸上升起。天色还没有黑透，但露水已经下来了。

妈妈在门口等我们，给我们两个披上了夹袄。

我和小哥哥不常吵架，那一次，可算是最厉害的一次了，但吵架以后，我们都更亲密了。

灯　笼

灯笼，一盏普通的纸糊灯笼，这有什么了不起！可是它给我带来了好些烦恼。事情得从平老师的婚礼说起。

那一年，我在城镇小学读书，秋天，平老师结婚了，他邀请我去参加婚礼。

我从来没有像一个大人那样被邀请去参加婚礼。妈妈说，平老师看得起我，也许是叫我去做小傧相。小傧相也算是一种职务，顶要紧的是不能失礼。她一边给我穿上干净的竹布长衫（这长衫只在过年才穿），一边叮嘱我："要懂规矩，千万不要乱说，千万不要讲出不吉利的话！"我干吗要讲不吉利的话！讲了不吉利的话，平老师就要倒霉，我跟他的感情那么好，干吗要让他倒霉！要是换了我们的红鼻子校长结婚，也让我去参加婚礼的话，我倒真要讲他许多不吉利的话呢！可是校长结婚那年我还没出生呢，我又没法让他倒霉，虽然我们全校同学都恨他恨得要命。

平老师是老师里面顶好的人，他不像老师，像哥哥。他是我大哥的同学，从前我跟了大哥到他家里去玩，大哥叫他来一平，我叫他平哥哥。后来，他在杭州读完了高中，来教我们书，我就叫他平老师，因为学校里原先就有个来老师，这样叫才不会缠不清。但有时候我还是叫他平哥哥，这多半是他跟我们一起玩的时候。他从来不打我们手心，也不罚我们站壁角，可是他教的几门功课，我们都学得很好，成绩不是“超”，就是“优”，最差也得个“中”。不，我怎么也不愿他倒霉，我知道全校同学也都不愿他倒霉，虽然他没有邀请他们去参加婚礼。

那天我就穿着竹布长衫到了来家。我除了“伯伯”“伯母”地叫了一阵之外，别的话一句也不敢说，也不敢乱动，只是规规矩矩地坐着，因此博得好些客人的称赞，说我懂事，还叫别的孩子把我当榜样呢。后来，平老师全身崭新地从里面出来，一见我，他就撇开了满堂的贺客，过来拉着我说："今天请你做小傧相呢。"我问他该怎么做，他笑着悄悄说："管他怎么呢！他们叫你怎么办，你就怎么办，马马虎虎应付过去算啦！"说着，他朝来大伯看看，暗暗向我吐吐舌头。我知道平老师的爸爸很严肃，平老师也有些怕他呢。

接着，婚礼就开始了，仪式是那样隆重、繁复，我只记得他们交给我一盏红灯笼，我捏紧灯笼柄，就像木头人那样，脚不点地地被他们带来带去，叫我怎样，我就怎样，至于做了些什么，完全忘记了。在忙乱中，只记得一件事，就是"祝寿"的"寿星"是位非常老的老头儿，他进堂时气喘着，颤巍巍的，似乎用个指头就可以把他碰倒。他拿着几根细棒，在新娘头上敲着，一面用发抖的声音一个字一个字地说道："好，好，好！多福，多寿，多男，多女，好，好，好！"说完就被人搀着走了。这似乎是这场婚礼中最精彩的节目，挤在外面的客人都轰动起来，窃窃议论着，我听见说这位老头儿已经九十四岁了，而祝寿的寿星是越老越可贵的，也就越吉利的。这时，站在主婚人位置的来大伯果然表现出很得意的神色。而婚礼也就在满意的气氛中结束了。

他们又带着我做了些什么，然后是“送入洞房”，就是由小傧相提着灯笼，领着新郎新娘，从铺在地上的麻袋上走进新房去。就在这时候，给我带来烦恼的事发生了：我在麻袋上绊了一下，向前冲了几步，急忙站稳时，手里的那盏灯笼已经掉在地上，而且蜡烛熄了；幸而在我身旁的那个伴娘十分机灵，几乎没有被第三个人看见，她就拾起灯笼，点着了蜡烛。她把灯笼交给我，嘴里喃喃地说：“没事，没事，小傧相绊了一下。小傧相似乎太小些。”我知道她说“没事”正是出了

事，“小傧相似乎太小些”正是在骂我不懂事。我面红耳赤，好容易才完成了任务，把新郎新娘送进洞房。

为了这倒霉的灯笼，我连喜酒也没有好好吃，幸而大家倒也没有提起这件事，也许他们根本就不知道，要是知道了，来大伯非把我赶出门去不可。后来我跟大家挤到新房里去看新娘，原来新娘就是朵云姐姐，也是大哥的同学。朵云姐姐没有理别人，却给我塞满了两口袋的红蛋和枣子。

回到家里，我一边从口袋里掏红蛋，一边给妈妈讲婚礼的情形，讲到掉落灯笼一节，妈妈急忙问：“蜡烛熄了没有？”我说熄了，她就愣住了，半晌她说：“唉，你这孩子，轻船不能重载，平老师看得起你，叫你做小傧相，你却闯了这场祸！”

我这才知道掉了灯笼不但是失礼，还是一场“祸”呢！我就问妈妈，这么一来，平老师会怎么样，要倒多大的霉，会不会死掉？

妈妈说；“瞧你，老是倒霉倒霉地说个不停。结婚顶要吉利，掉了灯笼总是不好的。究竟会怎样，那也很难说，但愿你平老师和朵云姐姐白发到老就好哇！”

关于灯笼就是这么回事。可是烦恼就此找上我。看到平老师，我常常想：要是为了灯笼，平老师真的倒了霉，那才对不起他呢！我想起平老师对我们是多么关心，多么爱护。有一次我们放学回家，排着队在街上走，前面站着两个日本兵，牵着两只大狼狗，那狗呼哧呼哧地向我们直嗅，吓得大家挤成一堆，跑也不敢跑。这时平老师就从后面赶上来，用身体护住我们，让我们走完，他才离开。还有一次，我没有做劳作课规定的泥砚盘，却向别人借了一只已经交上去评过分的砚盘，刻上我的名字，交了上去。发还我的时候，平老师没有说什么，我暗自高兴他没有觉察这是“冒牌货”。过了几天，我在平老师家里玩，他对我说：“你不喜欢做泥工，是吗？这不要紧，你可以不做。不过，用别人的劳作冒充一下，欺骗老师是不对的呀！”尽管他没有处罚我，也没有在课堂里揭穿我，可是从此以后，我再也没有欺骗过他，再也没有欺骗过别的老师。平老师，他和我真正的哥哥有什么两样呢？当大哥被战争隔离在远方，小哥哥为了谋生又离开家乡，这些孤独的日子里，在我的感情上，是把平老师当作自己的哥哥看待的。

几次我想把关于灯笼的事告诉平老师，可是话到嘴边又总是咽了回去。我只是做好这样的打算：万一平老师真的倒了霉，出了事，我一定要尽力去帮助他。唉，在那些苦难的年代里，在敌人占领的地区生活，倒霉的事就像天空掉下来的鸟粪，难保不会沾上的。"今朝不知明朝事""天有不测风云"，这样的话是常常挂在大人们的嘴边的。甚至在孩子们的心里，也常常笼罩着阴暗的云雾。

在元旦前几天，平老师告诉我们，各学校将要在元旦举行歌咏比赛，我们也要练一支新歌。他挑选了十几个同学，我也是其中之一。开始练歌的那天，平老师把歌纸发给我们，叫《读书歌》，写的是"读书要努力”之类的话，可是当我们试着唱曲时，不觉都呆住了；原来这歌一唱很顺口，就是“枪口对外，瞄准敌人”那支歌呀！在日本鬼子侵占我们家乡以前，我们几乎每天都唱这支歌，还有“大刀向……”这还用练吗？立刻，大家齐声唱起“枪口对外，瞄准敌人……”但平老师马上制止我们，他说：“你们干吗不照歌纸唱啊？我们唱的是《读书歌》。你们别乱唱，那是另外的歌。”我们很快就学会了这支《读书歌》。

元旦那天，我们参加了比赛。结果呢？当然用不着说，我们的《读书歌》一唱，台下所有的人都静了下来；我们唱第二遍时，听众都跟着轻轻唱起来，后来也就分不清谁在唱“读书要努力”，谁在唱“枪口对外”了。我们的节目得到了全场的掌声，可是评判结果，别校多少都得了点奖品，独有我们什么也没有得着。

平老师对我说：“奖品算什么！你们有没有看到，刚才你们唱得起劲儿时，台上那个日本鬼子叫什么少尉的，气得白眼珠都要弹出来了；那个乌烟鬼教育科长，我亲眼看到他的脸色变得更青，老鼠胡子索索抖个不停。这可比一等奖还痛快！”的确，在回去的路上，平老师跳跳蹦蹦的，比平日更愉快，他走在我们队伍里，就像个顽皮的大同学。

但是第二天平老师没有来。上完第一课，全校就传遍了惊人的消息：平老师被打伤了。据说，今天早上平老师和往日一样地骑了车子到学校来，但他还没进镇，在狮子河边，就被几个“情报员”——日本鬼子的走狗围住了，他们把他拉下车痛打一顿，最后连人带车推进了狮子河。幸亏附近有两只渔船，才把他救回家去。

一听这消息，我课也不上，私出校门，一口气就奔到平老师家中。在他的房门口，就是几个月前铺着麻袋的“新房”外面，挤着不少人，我从他们中间钻进去，到了房里，只见平老师睡在床上，浑身上下都用白纱布包着，连头上也包得圆棱棱的，只露出嘴和鼻孔，那样子真有些吓人！我叫了声“平老师”，正想扑过去，却被穿白衣服的医生拉住了。接着，我就被他们带了出来，回头一看，只见平老师的手微微动了动，似乎他听见了我的叫声。医生在他身旁忙碌着，用些发亮的铜管管什么的，在他身上动来动去。朵云姐姐在旁边托着盘子帮忙。

我不想回学校，就在他家的院子里呆呆地走来走去。在这里，我和平老师打过乒乓球，还帮他在石缝里种凤仙花和鸡冠花。偶然一抬头，看见屋旁的门框上挂着一盏灯笼，那上面写着扁扁的“囍”字，这不正是那盏灯笼吗？不正是从我手中掉下去，弄熄了蜡烛的那盏灯笼吗？那灯笼在冷风中轻轻摆动，砰砰地敲着门框，一下下却像敲在我的心上。

过了两天，没有平老师的消息。第三天我想去看他，却听人说：平老师死了。传来这消息的是住在平老师家旁边的一个学生，他说：“平老师残废了，一条腿断了，眼也瞎了，他受不了这种苦，半夜里偷偷爬到院子里，跳井死了。”我不相信，但他们说这是真的，因为布告栏上已经贴出了红鼻子校长的布告，上面说：来一平老师死了，他的课由校长暂时代教。

我去看了布告，方才相信，平老师真的死了！

我为平老师哭了好几场。因为心里难受，还生了十天病。

以后，红鼻子校长来教我们课了。为了我不愿意做泥工，他打了我一顿手心；为了我们唱“大刀向”，他又给我们每人后脑勺上一拳。每逢我挨打，我总是感到加倍地疼，因为这时候我又想起了平老师。

寒假里，我不再到狮子河去钓虾了，因为有一次，我看见朵云姐姐在河边洗衣裳，在她年轻的发辫上，缠着白头绳。看见白头绳，我不觉想起了婚礼上那位“寿星”给她的祝贺：“好，好，好！多福……”可现在有什么好哇！一个年轻的寡妇！想到这里，我就更觉得自己掉了灯笼是闯了一场大祸，我觉得对不住朵云姐姐。

我为这盏倒霉的灯笼苦恼了好些时候。

这件事离开现在已经十几年了，我早就离开了故乡，新中国成立后，在上海工作。关于灯笼的事早就忘掉了。

不久以前，某刊物编辑部给我转来一封信，信上说："看到你写的小说，那环境很熟悉，像是我的故乡。它让我回忆起，你就是我青年时代的学生。我现在在上海工作，你在哪里？……"下面的具名是来一平。一读完这封信，我立刻按照信上的地址去找他。

我顺利地在某机关找到了平老师。他的样子几乎没有什么改变，除了比过去苍老些，仍是那样精神饱满，愉快活泼。我讲出自己的名字，他用双手紧紧握住我的手，长久地注视我。

我说："平老师，想不到你还……"

"我还活着！"他抢着说，"我的确活着，我根本没有死过呀！"接着他告诉我，那一年他根本没有自杀，受的伤也没有大家讲得那么重。他恐怕日本鬼子再来迫害他，在半夜里坐了亲戚的小划船，偷偷逃到新四军根据地去了。从那时候他就参加了革命。

我们两个人不觉同时哈哈大笑起来。

我说："平老师，你不但把敌人骗了，可把我也骗了。为了灯笼的事，我苦恼了好些时候呢！”

“什么灯笼？”他停住笑问。

我把那年的婚礼和失手掉了灯笼的经过给他讲了一遍。他一边听一边笑，最后点点我的鼻子说：“你这个聪明小伙子，那时怎么也这样迷信哪？”

我不觉红着脸，讷讷地说：“真的，我那时真迷信！不过，除了迷信，也可以看出我们师生之间的感情……”

平老师止住了笑，又向我长久地注视起来。

习题答案

一、单选题

1. B　2. C　3. A　4. C　5. B

二、填空题

1. 任大霖，浙江萧山；2. 线绒衣；3. 一片树叶；4. 脖子；5. 家里没有多余的粮食。

小茶碗变成大脸盆

又到了该种向日葵的时节啦。

去年我跟申大宝合伙，在菜园里种了二十棵向日葵，到头来死了十棵不说，就是活着的十棵也长得根本不像话，秆儿又瘦又矮，比鸡冠花高不了多少。您猜花盘有多大？您尽往坏里猜也猜不着。就跟小茶碗一个样！您再猜收了多少子？这您就更猜不着了。根本就没有！是的，我们收了一把向日葵子，可是剥开来看，都是空的，一点儿肉也没有。说老实话，这十棵也还是死了的好，省得我们出丑。为了它们，几个调皮的同学把我们当笑话讲，说我们种的不是向日葵，而是蘑菇。后来，我跟申大宝起了誓：这一辈子再也不种向日葵了！

春天，又到了该种向日葵的时节，虽然墙报上号召大家多种油料作物，可是我连想也不去想它。还想它干吗？难道去年的事情这么快就忘了吗？

可是申大宝像已经忘了那回事似的，又来鼓动我了：“张勇根，人家都在种向日葵，我们怎么样？”

“什么怎么样？”

“种向日葵呀！我们难道一棵也不种，就这么瞧着人家种？我们也是少先队员哪，一棵也不种，像话吗？”

“可是，我们起过誓的呀，起了誓不算，像话吗？”

“那不要紧，我们又没向人家讲过。”

我的心有些活动了。

“可是种子怎么办？去年我们把种子都赔上了，一颗也没收回来，再向队部去要太丢脸啦！”

“干吗向队部去要！我们不可以向大人去要吗？”申大宝挺兴奋地说，“我们干脆就别让学校里知道，等我们把向日葵种大了，再让他们看看我们的本事。”

我看见申大宝的决心这么大，也就有了劲儿。可是种子并不那么容易要，我爸爸去年没种向日葵，叫他拿什么给我？我二叔有，又推说“找不着”，我知道他是怕我种不好，白赔种子，不肯给！种子这么难要，气得我又要起誓不种了！可是申大宝还是很有信心，他一直劝我别泄气。

第二天，申大宝来找我说：“走，咱们种去！”

“怎么，搞到种子啦？”

“这不是！”他敲敲口袋，看样子，有不少呢。

“你真有办法，哪儿要来的？”我高兴地问。

“是四太婆给我的。我给了她一个玻璃瓶，跟她换的。”

我们走到菜园里，翻了土，开始种向日葵。这一次申大宝搞得十分起劲儿，不像去年那么随随便便，看来他真有决心要把向日葵种好。

我们刚刚种了几颗，申大宝好像被什么东西咬了一口似的，忽然叫起来，还抱着头坐在地上。

我吓了一跳，连忙问他出了什么事。

“糟啦，我们白种啦，种下的全没用！全得挖起来！”

“为什么？我们不是种得好好的吗？”

“这根本不是向日葵种子！”

“怎么不是？这明明是向日葵！”

“是向日葵，可不是种子！”

我越听越糊涂啦！我们不是种向日葵吗？该拿什么做种子呢？当然是用向日葵子做种子呀！

“唉，哪能用炒过的向日葵子做种子呢？”

“炒过？什么炒过？”我拿起一颗向日葵子放在鼻子下面一闻，果然有些香喷喷的；一咬，又脆又好吃，真是炒过的。

“这全怨我没说清，”申大宝叹着气说，“我只问四太婆要向日葵子，可没说清我们是做什么用。”

“你这个冒失鬼！幸亏现在发现了，要不，将来又要给人家当笑话讲。”

我们一边说，一边吃向日葵子。不知不觉地只剩下半袋了。申大宝忽然发觉我们已经吃了很多，连忙把它收起来：“不能再吃啦，我们还要用这些向日葵子去换种子呢！”

换种子，我们又花了半天的时间，几乎走遍整个村子。真怪！本来很好要的东西，现在可成了宝贝，谁都不肯换，都说："我们剩下的也只有种子啦！"最后，我们看见七斤婶婶的小女儿坐在门口玩，她是个贪吃的小家伙。申大宝就故意拿出向日葵子对着她吃起来。

"你们吃什么？"那个小姑娘立刻站起身，朝我们走来。

"吃什么，是葵花子！你没看见？"申大宝津津有味地嚼着，还把壳吐得很远。

小姑娘把手指放在嘴里看着。没多久，她顶不住这强烈的诱惑，向屋里跑去。一会儿，她拉了七斤婶婶出来，指着申大宝嚷："我也要吃，我也要吃！"

七斤婶婶说："大宝哥哥，给我们几颗吃吃吧。"

"不行！"大宝早就收起了向日葵子，"这是要做种的。"

"做种？炒熟了还能做种？"七斤婶婶奇怪起来。

"不是，是拿它去换种子，炒过的换生的，一颗换一颗！你们有向日葵种子吗？”

七斤婶婶本来不肯换，她剩下的种子也不多；可是受不住小姑娘扭腰踢腿地嚷，到底申大宝赢了。我们换到了一小把向日葵种子，兴高采烈地离开了七斤婶婶家。在路上，我还忍不住发笑，我说：“申大宝，你真有办法！”他听见我这样夸奖，也挺得意。

种下了向日葵，我们就把别的事都丢开了，一得空就往园子里跑。我们天天浇水，晚上也点了火去看，真希望它当天就能长出来。

过了几天，我又一早去看，只见几只鸡在那里扒。走近一看，才知道向日葵已经长出了一点点嫩苗，但是被鸡扒掉了一半。这时候申大宝也来了，他气得拿根棍子就去追鸡，把几只鸡追得大飞大叫。

又过了几天，向日葵慢慢长大起来，我很高兴，可是申大宝的老毛病又发作了。他的劲头不像先前那么足了，好几天不到园子里来，就靠我一个人去浇水管理。这样，我的劲头也就慢慢地减少了。这可不能怪我，又不是我先发起的，既然申大宝这样，靠我一个人有什么办法呢？

这时候，我们学校里来了一个新同学。他叫戚家栋，是跟他爸爸一起来的，他爸爸在农业技术站工作。戚家栋一来就跟大家搞得很熟，他还领我们到他家里去玩，拿出许多有趣的植物标本给我们看。他养着一盒蚕宝宝。我们这里桑树种得不多，养蚕的也很少，大家都仔细地看了好一会儿。特别是申大宝，把脑袋挤在盒子上，看得嘴也咧开了，还不住口地问蚕宝宝怎么会做茧的。

回来的路上，申大宝还是不住口地说着那盒蚕。

我忍不住地说："你老说它干吗？你自己又没有。"

"我会想办法弄一些来。"

"你到哪儿去弄呢？难道你向戚家栋去要？"

"为什么不能要？我就向他要！"

"保险不给，他自己只这么一小盒。"

"我会拿东西跟他换。"

讲到换，我不说了。他跟人家换东西的本领我是知道的呀！

过了一天，我正在园子里给向日葵浇水，申大宝来了，手里捧着一只盒子。我一看就认出，正是戚家栋的蚕盒子。申大宝兴高采烈地把盒子一举，说：“看！”

“怎么，难道戚家栋真的把蚕给你啦？”

“当然，还送我半篮桑叶呢！”

“你拿什么东西跟他换的？”

“向日葵。”

“什么？”

“就是这些向日葵，长在地下的向日葵！”他指着我们一起种的向日葵说。

我一听，气得肚子都几乎胀破了。我说：“你发疯啦？”

“谁发疯？我可一点儿没发疯，你想，一盒蚕宝宝，将来能做多少茧哪！”

“你不要向日葵啦？”

“不要啦，要它干吗？我要向日葵有什么用？向日葵又不能做茧。”

“不行！我不答应！”我的声音高起来了。

“要你答应干吗？我又不跟你换。”

“向日葵是我们两个人的！”

“是两个人的，我早就数过了，一共十六棵，我只给戚家栋八棵，半棵也没多给。”

我气得说不出话来。这时候戚家栋来了，他笑眯眯地问申大宝：“就是这几棵向日葵吧？长得可不妙哇！”

我火了，散伙就散伙！赶过去，想把我的八棵向日葵一脚一棵全都踩死。但是戚家栋马上把我拦住了：“干吗这样？”

“干脆都弄死算了！我也不种啦！”

“别这样！”戚家栋扶起了那两棵被我踩倒的向日葵说，“我跟你合伙种，好不好？难道我就顶不上申大宝吗？你跟他都合伙，为什么不肯跟我合伙？”

我冷静下来想了想：也对呀！我跟申大宝能合伙，为什么不跟戚家栋合伙？既然申大宝这样不负责任，就是不散伙，他也不肯出力。我到今天才算看透了他！我简直又要起誓，一辈子也不再跟他合伙做事啦！

申大宝捧着盒子走了。戚家栋蹲在地下仔细打量向日葵，一会儿，他说："该移植啦。"

"移植？种向日葵也得移植？"我问。

"要种得好就得移植，让它们多得些阳光。还得加基肥呢，这样它们才长得大。"

我看他说得挺有理，就来帮他移植。我们先在菜园空地上挖坑。我原先以为只要挖个小坑就行，怎么也想不到种向日葵的坑得这么大，有一尺见方，戚家栋说，再小就不行。我原先想浅些不要紧，谁知道浅了也不成，一直刨到一尺深，戚家栋用棒量过，说这才差不多了。我们就这么一个一个地挖着坑，直挖得满头大汗，把衣服全脱光，还只挖了十个坑。

戚家栋做事挺认真，说一是一，说二是二，一点儿不肯马虎。看样子他长得并不比我壮实，力气可比我大得多，一铲下去，能掘起那么大的一块泥。拿他跟申大宝比，正好一个天上一个地下。申大宝干起活来，腰板是直的，叫他刨地，他拿铲在地下乱划一气，一会儿就支着铲，伸直腰歇着啦！叫他拔草，他不扯草根，只扯住草尖尖，一拔草断了，草根留在地里他也不管。干五分钟活，他就耐不住要到外面去遛遛，好像要他在一处蹲上一会儿就难受得什么似的。

过了几天，我们给向日葵施了肥。又过了些日子，戚家栋从家里搬来不少草木灰，施在向日葵的根旁。他说，这是“钾肥”，向日葵吃了，秆儿长得特别坚实，就像我们骨头长得硬了，才能大起来。另外，我们还抽空割青草，捞河泥，壅在向日葵的根旁。经过这样的细心培育，向日葵果然一天比一天高大起来，看着挺有精神，跟从前我和申大宝合伙种的时候完全是两个样子了！

我不知道戚家栋怎么懂得这么多知识。他说，这一点儿也不稀奇，在他原先读书的学校里有一个科技小组，他还是副组长呢。他们种过不少东西，别说向日葵，就是小麦、玉米，他们也种得挺不错的。他们

种出来的大南瓜和大蓖麻，还在全县农业展览会上展览过呢。那时候，他爸爸是他们的指导员。他常常从他爸爸那儿学到各种知识。

我知道他做过副组长，更从心眼儿里尊敬他啦。我还暗暗高兴：幸亏跟申大宝散了伙，要不然，我怎么能跟戚家栋合伙种向日葵呢！

回过头来再说申大宝的事。他自从得了戚家栋的那盒蚕宝宝以后，就忙开啦！一天到晚光看见他捧着那只盒子在张罗桑叶。起先，那些蚕还小，吃的桑叶也很少，一天只要几片桑叶就够了；可是慢慢地蚕长大起来了，吃的桑叶也多了，成片的桑叶放进去，只听见沙沙沙地响，不一会儿就吃得只剩根筋了。我们这里桑叶很缺，为了采桑叶，申大宝忙得天天满头大汗，早上时常迟到，就这样还是不大够。后来，几株野桑树的叶子采光了，申大宝就到处去向人家讨桑叶。这时候，他养蚕的劲头又慢慢地低下来了，我看他还有些讨厌它们，可是又不能扔了，扔了蚕他就什么也没有啦！

一天早上，他到学校里来的时候，手里没捧着蚕宝宝，却捧着一只小白鸽，很小的小白鸽，连羽毛还没出齐。

“哈，”我们都叫起来，“一只小白鸽！”

“你们看，它多可爱！”申大宝拿着鸽子给大家看，“它长大了，会送信，还会生一大窠鸽子。鸽子再生鸽子，那时候我就会有一大群鸽子。”

“你是从哪儿捡来的？”我问。

“捡来的？真想得出！从哪儿能捡到这样的鸽子？你倒给我去捡捡看！我是用蚕跟三叔公换来的。”

“蚕？你把那一大盒蚕给了三叔公？”

“当然，全给他了。他还不肯，我跟他缠了很久。”

“你不要蚕啦？”

“不要啦！要它干吗？我要蚕有什么用！还得天天给它桑叶吃，没有蚕还好些！”

这么一来，申大宝又把他的全部时间用来养鸽子了，一放学就乒乒乓乓地做木笼子，还到处去找小米，因为他听说鸽子要吃小米的。他就是这样不断地忙着。在学校里他似乎比谁都忙。

暑假到了。我们的向日葵已经长得又高又粗，开出了壮实的大花盘。说老实话，我一辈子也没看到过这么大的向日葵，特别这是我们亲手种起来的，心里感到更高兴。我跟戚家栋也早就成了好朋友。

一天早上，我们正在园里给向日葵摘枯叶，捉害虫，忽然申大宝来了。他从那次跟我散伙以后一直没来过，一看我们的向日葵长得这么大，惊奇得舌头吐出来，半天缩不回去。

“你们种得真好，我做梦也没想到向日葵能长成这么大！”他很羡慕地说。

我想起他跟我散伙的事，心里还气，就故意说：“你现在懊悔了吧？”

他点点头说：“我的心太活。当初我不该拿向日葵去换蚕的。”

“有什么不该？向日葵又不能做茧！”我这样讽

刺他。

但是申大宝似乎不觉得我在挖苦他，还是很知心地对我说着：“你不知道吧？今天我们小队开过会了，中队委员会要大家汇报劳动成绩，我又挨了大家的批评！他们说我不该拿这个换那个，又拿那个换这个。还说我……是‘意志不坚定’，说我这么下去，长大了也做不成什么事。辅导员也找我谈过了。”

“那倒是真的，你应当改了。可是你不是一点儿成绩也没有，你不是养着鸽子吗?”戚家栋安慰他。

“唉，我还有什么鸽子!”他叹着气说，“那小鸽子早归了杜光平啦!”

“是怎么回事？你干吗把鸽子给他?”我说。

“我又没白给他，是他拿钓鱼竿跟我换的。”

“那么你去钓几条鱼算作劳动成绩好啦。”戚家栋替他想了个办法。

申大宝半天没作声，后来他低声地说：“钓鱼竿被我弄断啦。”

他这时候已经进了园子，学着我们的样子，给向日葵除起虫来，还挺起劲儿。

他跟着我们干了一会儿活，干得还不坏。休息的时候，他忽然回家去了，我想，他老脾气又犯了。没想到过了一会儿，他又来了，拿来了一袋画片，是一整套西湖风景。他说，这是他爸爸从杭州寄来的。他爸爸是在杭州划游艇的。

这套画片一共二十张，很好玩。申大宝数了又数，等了好一会儿，忽然把它分成两份，拿给我们，说："喏，送给你们！"

我跟戚家栋一时倒呆住了，不知道他为什么肯把这么心爱的东西送给我们。

我说："怎么？你又想拿它跟我们换向日葵了？我可不换，杀我的头也不换！"

申大宝的脸忽地变白了。他哭了，一边哭，一边跑出园子，不见了。

我愣住了，不知道该怎么办才好。戚家栋说："你怎么这么看待他！他送画片给我们是好意，这不是很明显吗？你为什么要这样怀疑他？你是在糟蹋同学的友谊!”

“我……”我被戚家栋批评得张口结舌地说不出话来，同时自己也感到很不对。申大宝虽然有缺点，可是他现在已经有些认识到了，我怎么能这么对待他呢！我越想越难受。

这天晚上，我们在小河旁找到了申大宝。我向他道歉说：“申大宝，原谅我吧。我早上的态度很不好。”

申大宝别过脸去，似乎还很伤心。

我又说：“我跟戚家栋商量过了，你也来吧，跟我们一起来种向日葵，我们三个人合伙，把向日葵种得像脸盆那么大。”

戚家栋在旁边说：“三个人合伙总比两个人好，你愿意吗?”

申大宝抽抽噎噎地说：“我再来合伙也没有意思，我，还能干什么！向日葵全是你们种大的，我凭什么……”

戚家栋说：“怎么全是我们种的？不对，开头本来是你跟张勇根种的，我也是后来合伙的。”

“种子也是你搞来的。”我说。

“再说，向日葵离收割还早着呢，还有不少活等着我们干呢！”

申大宝慢慢地不抽噎了，后来，他拉住了我们的手。

真像戚家栋说的那样，要种好向日葵还得干不少的活，这些都是我从前想也没想到的。

我们拿布做成大“粉扑”，在早上给向日葵擦脸，抹来抹去地好几天。这叫“人工授粉”，是为了使向日葵子长得结实饱满。

我们还给向日葵搭了几根“拐棍”，因为它的脑袋实在太重，秆儿有些支撑不住。

现在，申大宝干活的时候，跟从前就像两个人了。他干得又起劲儿，又细心；也不再隔几分钟就出去遛遛了，简直比我们还积极。也许他想把过去没干的活都补上吧。

秋天到了。九月里的一天，我们用锯子锯断了向日葵的秆儿——它像毛竹那么粗！收下了花盘，一量，您猜有多大？正好跟脸盆那么大！十六棵向日葵，收了十斤葵花子。最大的一棵有十二两葵花子！这些葵花子还颗颗结实饱满，像蚕豆似的。

收割那天，同学们全来看了，他们羡慕得什么似的。连去年说我们只会种蘑菇的那些人，也好像忘了那回事，不住口地称赞我们。辅导员让我们把最大的花盘、最粗的秆儿，连同一小盒向日葵子，好好保存起来，上面还贴着纸签，写着我们三个人的名字呢。

要求跟我们合伙种东西的人可多了。依我说，一个也不收，还是我们三个合伙种多好。可是戚家栋不这样，他答应了大家的要求。后来，辅导员说，干脆就成立一个科技小组吧。组长当然推选戚家栋来做，您猜副组长是谁？连我也想不到，是我跟申大宝两个。

妹 妹

“嘡，嘡嘡，嘡，嘡嘡……”

从大街旁的广场上传来一阵阵热闹的锣声。木偶戏已经搭好了戏台，正在用响亮的锣声召唤观众。

吴小鹰推开窗，从三层楼的窗口探出头去，居高临下，他立刻看到大街上孩子们在奔跑，在向广场集中。

“工人叔叔，”他高声叫道，“是演木偶戏吗?”

正在院子里通阴沟的工人叔叔抬起头来回答：“不错，是演木偶戏，快去看吧。”

“不行，妈妈做日班，我要看家。”吴小鹰说，“是演什么戏，你知道吗?”

“听说是《猪八戒学本领》，新编的。”工人叔叔说，“妈妈要你看家，把门锁上不就行啦?”

“不行，还有尾巴呢。”吴小鹰指指身后。

“尾巴？什么尾巴？”

“小妹妹！”

“哦。”工人叔叔笑了笑，又俯下身去继续工作。

是的，对于吴小鹰来说，小妹妹真是条“尾巴”。今天是星期天，幼儿园放假，小鹰希望她睡觉，可是她偏不肯睡，一个劲儿地缠住小鹰不放。

“小妹妹，睡觉吧，睡觉吧。”小鹰催她不止十遍。

“嗯！”小妹妹从鼻孔里哼了声，这是表示不愿意，“我还要做医生呢！”

这位“医生”正忙着用一根织毛衣的竹针在给“病人”（两个布娃娃）打针；打完针又喂它们吃药。后来她嫌病人太少，便把哥哥也划在工作对象之内，拿起针，在小鹰的背上、屁股上一口气扎了十二针，刺得他又疼又痒。

“做医生有什么好玩，”小鹰说，“顶没意思！”

“那么来开火车。”

“开火车也没意思。”

“搭积木。”

“不好玩!”

“捉迷藏。”

“不来!”

“那么玩什么呢?”

“什么也不玩，还是睡觉顶好。”

“嗯!”

“什么嗯！快睡，不睡不行!”小鹰的火气有些大起来，因为外面的锣声越敲越急了，眼看快开场了。他不能不用“强制”的办法，把妹妹拉到床上去。谁知道妹妹也有一手，她忽然咕咚一下倒在地上，两只脚像敲鼓似的颠着，大哭大叫：“妈妈快来，哥哥打人！妈妈快来呀!”

“真惹气！幼儿园的学生了，还要赖地！告诉你，幼儿园的学生要听话，爱清洁，快起来，做个好孩子。”

但妹妹似乎决心不愿做好孩子。这也难怪，因为她进幼儿园还不到一个星期呢。于是小鹰没法可想了。他甚至考虑做出让步：带着这条“尾巴”一起去看木偶戏。

可是，他又一想，不行！他忘不了前次的“惨痛教训”。那一次星期天，他带了妹妹到“光明剧场”去看木偶戏，谁知道小妹妹出了门，一路上磨磨蹭蹭的，又要吃棒冰，又要看“花花”（看商店橱窗）；一会儿要小便，一会儿嚷“走不动”；好不容易半拖半抱地带到剧场，已经开演十分钟了，看得没头没脑。这还不算，看着看着，正看到要紧关头，小妹妹忽然在座位上扭起腰来，好像有虫在咬她屁股似的。小鹰知道不妙。果然，台上“坏人”在打“好人”了，小妹妹就害怕起来，用手遮着眼睛：“不要看了，不要看了。”小鹰赶紧解释，不要怕，这是假的，不是真的打人。但妹妹是个十足的胆小鬼，一个劲儿地叫：“哥哥出去，哥哥快出去呀！不要看了！不要看了！”再闹下去四面的观众都要提出抗议了，没有办法，只好忍痛出来，白白浪费了两张票……

想到这里，吴小鹰不带小妹妹出去的决心就更坚定不移了。他忽然想出一条“以身作则”的妙计：自己脱掉衣服，爬上床去睡觉。不到两分钟，就发出震耳的鼾声：“呼噜噜，呼噜噜……”睡得真“甜”！

妹妹不哭了，也不敲脚了，她好奇地听着哥哥的鼾声。慢慢地，她从地上爬起，走到床边，看看哥哥的脸（这张脸很怪，眼睛闭得那么紧，但嘴巴似乎在动）。看了一会儿，她忽然打了个哈欠（嗯，起作用了！哥哥想）。接着，她脱掉鞋子，也爬到床上，睡了下来，于是哥哥的鼾声更响了，比《西游记》里的猪八戒打鼾还响。过了一会儿，小妹妹鼻息均匀起来。小鹰试着轻轻叫她两声，没有反应，胜利了！——他从床上直跳起来，蹑手蹑脚地穿好衣服，出了门，回头把门锁上，像一阵旋风似的冲下楼去。

戏已经开始了，但还没演正本，这会儿正演一个人打乌龟精的插戏。这人一会儿被乌龟精咬住头，直拖进去，吱吱呀呀地叫，一会儿又出来了，用木棍直敲乌龟精。木偶很小，样子和动作都不太像真的，可是特别滑稽，引起了观众一阵阵不断的哄笑，连两三岁的小娃娃也高兴得笑个不停。要是早知道这样，带了小妹妹来也不要紧的。现在她一个人孤零零地睡在家里，多可怜！小鹰想着想着，开始觉得自己不对了。

这时，台上的那位“勇士”被乌龟咬伤了，于是他吱吱呀呀地像鸟叫似的哭了起来。哭了一阵，他忽然又拿起棍来，向乌龟精直敲起来，经过一场大战，终于把乌龟精打死了。当“勇士”扛着死乌龟一摇一摆地满台乱走时，台下观众发出了热烈的掌声和喝彩声。

“这戏真有趣！小妹妹看了一定也会笑的。”吴小鹰想，终于，他挤出了场子，决定去把小妹妹带来一起看。当他跑进了院子，习惯地抬起头来望望自家的窗口时，啊，他不禁吓得呆住了！

亲爱的读者，你猜他看到了什么？

小妹妹正站在三层楼窗台上，一只手搭着窗框，向远处望着什么。如果她再移动半尺……

吴小鹰吓傻了！他的脸变得蜡黄，立刻出了一身冷汗。他定了定神，刚想大叫一声："你疯啦！快进去呀！"嘴巴还没张开，忽然一只大手捂住了他的嘴，使他叫不出来。

"不要嚷，小朋友，不要嚷！"通阴沟的工人叔叔（是他用手捂住了小鹰的嘴）低声说，"绝对不能嚷，懂吗？"

"懂。"小鹰闷声闷气地说："怎么办？"

工人叔叔走到小妹妹脚下仰起头，用悠闲的态度吹起了口哨，好像什么事也没有似的。

"小妹妹，你站得好高哇！"工人叔叔说。

"当然高。我在看汽车，真好看，这儿什么都看得清楚。"

"哟，看汽车，很好看哪！可是你得站进去些，对，把那只脚移进去，对啦，这就更好啦！用手抱住窗框，对啦，还有那一只手，两只手一齐抱住。你这样听话，真是好孩子。"

"哥哥还说我不是好孩子呢！"妹妹在窗台上委屈地诉说着。现在，她站的地方已经比刚才安全得多了。

“你这么听话，怎么不是好孩子！现在把脚伸进窗里去，坐下来，对了，坐好，不要动！两只手抱住窗框！”工人叔叔忽然回头朝小鹰打了个手势，要他赶快上楼。

小鹰从半昏迷状态中清醒过来。他以火箭般的速度向三层楼冲去，一上楼，立刻打开锁，冲进房里，一把抱住小妹妹，就像抱住了一件世界上最珍贵的宝

物似的，把她放在地上。直到这一刻，他的心才真正回到了原来的地方。

“哎哟，小妹妹，你把我的胆都吓破了！”

小妹妹茫然地看着他，不知道哥哥说的是什么意思。

“告诉你，下次再也不要爬到窗台上去，听见了吗？跌下去，性命交关的事！明天就叫妈妈来钉上栅栏，那才保险。”

“你跟我来开医院，我就不爬上去。”

“算啦，老是开医院！带你看木偶戏去！”

“真的？”

“不骗你！”

“哟，真开心！我们去看戏喽！”她拿起了一个布娃娃，又对躺在地上的另一个布娃娃说：“喂，小朋友，你是病人，不能去，生了病不能看戏，回来我就给你打针。”确实，这个布娃娃已经病得十分严重，老是打针，已经把屁股都打烂了，里面的木屑都掉出来了。但等一会儿“医生”看戏回来还要打的。

他们手拉着手，走下楼去。

“恭喜你，小朋友，你今天捡了一个妹妹！”通阴沟的工人叔叔对吴小鹰说。

“我……她……”吴小鹰涨红了脸，结结巴巴地说。

“以后，可别把自己的妹妹当成‘尾巴’了。妹妹就是妹妹，不是尾巴。”

“谢谢你，叔叔，我懂了，以后再不会出这种事了。”

“嗯，看来，你归根到底，还是一个好哥哥。”

是的，吴小鹰是个好哥哥，虽然他几乎犯了一个不可弥补的错误。但重要的是，他马上接受了教训。所以，这个星期天，他和妹妹到底玩得高兴不高兴，读者也就不难猜想了。

在灿烂的星空下

初夏，一个晴朗的下午，我到郊区金星公社去采访女拖拉机手们的先进事迹。公共汽车把我带到一个古老而又年轻的小镇上，在这儿，广阔的柏油路交接着鹅卵石铺成的小道，绿色的田野衬托着整齐的工人新村。远处，巨大的厂房在地平线上矗立，多美好的郊区风光啊！

在车上，售票员已经告诉过我，从小镇到金星公社还有十多里路，主要的交通工具是带人的自行车（在郊区，自行车后面带人是不算违反交通规则的）。但是我从小镇的这头走到那头，却找不到一辆车子。我决定步行去。突然，从身后传来一声叫唤："叔叔，车子要坐吗？"一个少年骑着一辆崭新的自行车，向我赶来。

“到金星公社去，行吗?”我问。

“行,”他熟练地刹住车，“上来吧。”

可是我犹豫了。因为他不过是个十四五岁的少年，而我却是个壮实的青年汉，我简直不好意思坐上车去。

“上来吧。”他拍拍车后的坐垫说。

“你踏得动吗?我很重呢。”

他看看我，毫不在乎地说：“你有什么重！我三叔是举重运动员，他胳膊就有你小腿粗，我也常常把他带来带去呢。”

好吧，为了争取时间，还是坐上去再说。我准备在半路上跟他来个轮换。

少年熟练地踏动车子，轮胎在新筑的黄沙公路上发出沙沙的声响，平稳地前进。突然，迎面开来几辆装满建筑材料的卡车，而公路两旁堆满着沙石，我有些紧张起来，可是少年不慌不忙地放慢了速度，在一堆沙石前轻轻地把车子刹住。等卡车一开过，我们的车子立刻嗖的一下穿出了扬起来的灰沙，轻巧地前进。这时，我放心了。看起来他确实是个带人的老手，你看，这瘦瘦的肩胛，一上一下地微微摆动，两只胳臂有力地掌握住车头，他那姿势是多么自然，多么轻松，一看就知道这是个发育健全、锻炼有素的少年。

“怎么样，累了吧?”我说，“让我们换个位置吧。”

“用不着，一点儿也不累。”他轻松地说。

“不要硬撑，还是让我来踏一会儿吧。”我坚决要求。

他没有回答，忽然，高声叫道：“坐好别动!”这时，车子忽地来了个急转弯，向公路外冲去，越过斜坡，冲上小桥，在狭窄的田间小路上曲曲折折地前进，我紧紧地抓住坐垫，才没从车上摔下来。

“这段路很难骑，”少年用一只手擦擦汗，“我是骑熟了的，要不然，早就摔到河浜里去了。”

我不作声了。确实，在这么一条路上骑车，还要带一个人，这不是件容易的事，我开始在心里佩服他。

不一会儿，我们来到了目的地——金星公社。少年把我带到一个广阔的土场上，指指旁边的红砖房子说：“那就是公社办公室。”

我一边连声道谢，一边掏出钱来。少年看到我要给他车钱，忽然脸红了起来，把身子转过去，好像有些生气地说：“干吗？我要这干吗？我不是那些专带人的车工！”

“怎么，你不是……”

“我是骑着车玩玩的，我是少年运动员，在锻炼。”少年讷讷地说，他似乎是个怕羞的人，讲起话来显得有些局促相，眼睛总是瞧着别处。

“那……谢谢你，小同志。”我紧紧地握住他的手。突然，我感到自己太莽撞，我的脸也红了，不知该怎么说好，因为我也是个不善说话的人。

我在公社办公室看过了拖拉机队的先进事迹材料后，决定立即赶到陆家宅生产队去，因为今天女拖拉机手们正在那里机耕，而这正是我进行现场采访的好机会。

我走出公社办公室，看见那少年运动员还在土场上练习车技，他一会儿“双放手”，一会儿“脚离镫”，把车子弄得一拐一拐地满场乱窜；忽然又来一个“蛇蜕壳”，跳离了坐垫，惹得旁边的一群小孩齐声喝彩。

少年回头看见了我，他推着车过来，脸孔红红的，淌着汗。“叔叔，工作办好啦？”

“还没有，这回正要到陆家宅生产队去。”

“陆家宅队？还有十里，这段路我挺熟，还是让我带你去吧。”

“不，不，这回我要自己走着去了。”

“干吗要走去呢？坐车去不更快。”

“快是快，可我不愿再累你了。”我一边说，一边朝前走。

“怎么累我呢？”那少年骑着车跟上来了，“你太看轻一个运动员的体力了。叔叔，十里路是累不坏我的！我三叔是个举重运动员，他体重八十公斤，也常让我带来带去，从来没累坏过我。”

又是他三叔，又是举重运动员，这小家伙！可这回我的态度很坚定："小同志，我很感谢你的好意，我不愿影响你的锻炼计划，我知道你是在锻炼车技，请你抓紧时间吧。"

"一点儿也不错，我是在锻炼，不过我不是在练车技，这是我闹着玩的。老实告诉你，叔叔，我是个足球运动员。上车吧，带人就是我的锻炼计划。"说着，他在我面前刹住了车。他看我还不肯上去，又说："叔叔，干吗要客气，不带你反正也要带别人；再说，你到陆家宅队去是为了工作，还客气干吗？"

看不出这腼腆的少年倒有些口才，几句话使我难以推辞。结果是，我们又在郊区的道路上飞驶起来。这段路比刚才还难踏，高高低低，弯来曲去，上桥下坡，不时还碰着些担粪推车的社员和手扶拖拉机，可我们的少年足球运动员发挥了他惊人的车技，一路上把车子掌握得像头被驯服的山羊似的。

一回生，两回熟。一熟，他的话就多些了。我不但知道他叫吕骏，在金星中学初二读书，足球队中锋，还知道他爸爸是公社社员，妈妈是纱厂工人，三叔（就是他所乐道的那个举重运动员）在船厂做起重工，这辆车子就是他三叔的。每逢三叔厂休息，车子就归他用来锻炼，而他总是利用这机会到处带人。他说，这样做已经成了习惯，空车踏起来反倒觉得空荡荡的。“带人比空车好，对我锻炼腿力更有帮助。”我看看他的腿，在这双精壮有力的腿上，东一块西一条地涂着红药水。确实，这是一双好腿。不过，我觉得更可爱的还是他的心灵。

从广阔的田野上升起一层轻纱般的薄雾，远处那些高大的建筑群在星光下显得隐约难辨。晚风徐徐吹来，带着豆麦的清香和潮湿的泥土气。萤火虫飞舞，青蛙的叫声时近时远，更显出田野的幽静和广阔。不知从什么地方，传来一阵轻微的隆隆声，是抽水机的马达在吼叫，还是拖拉机在夜耕？

初夏的夜是迷人的。上海郊区的五月之夜，更具有诱人的魅力。我独自走在田间小道上，舒展双臂，尽情地呼吸着清新的空气。刚才，公社的青年女拖拉机手们给我讲述了她们的工作和生活，此刻我正沉浸在采访以后的激情中。我反复地回味着她们朴实而动人的叙述，同时默默构思，怎样才能确切地表现姑娘们的热情和理想。

“叔叔，回去啦？”突然，一个熟悉的声音把我的思路打断，一个人推着自行车站在我的面前。这不是别人，正是今天我在郊区新结识的伙伴——少年运动员吕骏。

“咦，吕骏！”我高兴地叫道，“怎么你还没回家去？”

“你怎么知道，没有调查就没有发言权！”吕骏调皮地笑着说，“我已经回去吃过晚饭啦。”

“哦，那你这么晚了还出来兜风啊？”

“说我兜风就算兜风吧，我可是为了你来的。”

“为了我？怎么回事？”

他还是调皮地笑着说：“叔叔，你打算怎么回去？”

“走到汽车站，坐车回去。汽车不是通宵的吗？”

“这么一来，起码到天亮才能到家！”

“不怕，我喜欢走夜路。”

“跟着我，让你整十二点就能到家！”

“怎么回事？”

“很简单，我把你送到火车站，十五里路，笃定能赶上末班火车，十一点二十分到达上海北站。”

“哦，你是为了这特地在等我？”

“干吗要说‘特地’呢？就不许我来看看夜景吗？你看，我们公社的夜景多美呀！”

是的，夜是美的。田野里，青蛙此起彼落地叫成一片，萤火虫在空中飞舞；远处，工厂的灯火点点；霎时，分不清哪是灯火，哪是星星，哪是萤火，只觉得一切都融合到广阔的夜空里去了。忽然，我的眼睛有些湿润，我确实被他深深地感动了。

“吕骏，谢谢你！”我紧握住他的手，“不过，这样你会太累的，回去得晚了，你家里的大人要记挂的。”

“谁来记挂我！我妈不在家，爸爸开会去了，三叔跟未来的三婶娘去看戏了，家里一个人也没有。我又不是孩子，就算我在外边玩个通夜，也没有人来管我。再说，明天是星期天，今天睡得迟些也没关系。”

我能说些什么呢，坚决拒绝只会使他不高兴，而且对于这个倔强的少年，我根本没法说服他。就这样，我又坐上他的车子，在飘着豆麦清香的晚风中前进。

萤火虫向我们迎面扑来，风在耳边轻轻地唱着歌，起先我们都默不作声。远处的隆隆声越来越近，一架夜耕的拖拉机闪亮着灯光，从右边开了过去。我隐隐看见了驾驶台上坐着的姑娘。

自行车转上了公路。因为道路平坦，我们开始扯谈起来。我们从拖拉机谈起，最后谈到“星际旅行”上去了。

“叔叔，宇宙究竟有多大？人们说，宇宙是无边无际的，可无边无际究竟有多大呢？”

真的，我也没法回答这个问题。好在他并不在意我回答不回答，还是一个劲儿地说下去：“有人说，火星上没有人，可又有人说，火星的两个卫星都是人

造的，到底是怎么回事？我真想飞上去亲自看看。”

一颗流星从天际划过，消失在地平线上。突然，一个印象在我的脑海里闪现了一下：这样的夜晚，这样的原野，这骑车的少年，为什么竟这样熟悉？我觉得这少年过去曾在什么地方见过。是的，是他，就是他，就是这少年，我曾经见过，我们曾经相识……

“吕骏，”我兴奋地说，“我忽然记起来，我曾经见过你。”

“叔叔，你这玩笑开得妙，”他笑着说，“我可是头一次见到你。”

“不是开玩笑，是真的。刚才，我一下子觉得你很熟。吕骏，你也想想吧。”

“叔叔，”吕骏说，“我想过了，我从来没见过你，就好像我从没到过火星一样。”

这句俏皮话使我不觉笑了起来。

这么说，我们真的没见过面。那么，刚才的印象是从哪儿来的呢？难道是我的错觉？

我们到了车站，赶上了开回市区的末班车。我紧握着吕骏的手，跟他告别。他擦着汗，指指远处的树荫深处说：“往那里一直走就是我的家，我该回去啦，今天的锻炼计划完成得挺满意！”他掉转车，披着星光走了。

我久久地望着他的背影，在星光下，看着他慢慢地远去，消失在夜色里。这时，我更强烈地感到，他的形象是多么熟悉呀！我几乎敢肯定：过去一定见过他，可是究竟在哪儿见过，我苦苦思索，却总是得不到答案。

在生活中常常会遇到这样的事：偶然碰见一个熟人，忘了在哪儿见过，拼命想啊，回忆呀，脑子偏是不管用，“来到脑门儿前”了，就是想不出来；可是，一个偶然的触动，却立刻会使脑门儿亮堂起来，就像一颗火星点燃了记忆的火炬，霎时就会把那一段生活照得通明。在火车上，我不断地搜索着脑海的每个角落，却总是想不起来；当我俯身向着窗外，看着迅速掠过的夜景，忽然，远处出现了一片河流，而在星空下闪闪发光的水波，立刻使我的脑子变得开朗了。哦，原来是这么回事！我记起来了，我完全记起来了……

我以前真的见过吕骏吗？

不，我从来没有见过他；但是，我的印象也不是毫无根据的。我见过另一位少年，而他跟吕骏是多么相像啊！

这已经是多年前的事了。那时，我在一个省级的团报编辑部工作。为了采访优秀青年医师王秀娥的事迹，我住在一个小县城的中心医院里。这一天，医院门诊室的一位病人突然跑掉了，也忘了拿药。为了他的安全，王秀娥准备按照病人的住址，亲自把药送去。可是正当她要走，门诊室来了两位病人，工作又忙起来了。这时，我想到了自己，虽然我是个记者，可是送药的事还是可以胜任的。就这样，我自告奋勇地接受了这个任务。

我找得好苦哇！这个县是个出名的“水乡”，到处湖塘连接，河泊纵横，一出门就是水；没有船，根本是寸步难行的。就在这困难的关头，我幸而遇见了一位热情的渔家少年，是他划着一叶小舟，载着我到处去找寻这位“不别而行”的病人。偏偏病人的家是在一个极其偏僻的小村里（我记得叫“荷花港”，是个四面临河的村落）。我们找过了多少个村庄，问过了多少个老大爷和老大娘，才算找到了这个荷花港。在找寻中，划船的少年显示出异乎寻常的热心和耐力，他简直是一刻不停地划着桨，热得一件一件地往下脱衣服，最后光着膀子还不断淌汗。可是他连半句不耐烦的话也没有。甚至，有两次因为接连扑空，连我都有些动摇起来，但是，这位少年船手，还是一个劲儿地划船，打听。有一次，我们划进了人家一个鱼塘（是个“红领巾养鱼场”），结果引起了看守鱼塘的少先队员的误解，特别是因为我们船里有着渔具，而鱼笼里又关着少年钓来的四五条鲫鱼。那几个少先队员以为逮住了一条“黑船”，我急忙解释，并且取出药品来做证，才获得信任。这时，我很担心要引起少年的不满了。但，这位不期而遇的好心肠“向导”（他原来是在那里悠然垂钓的），却丝毫也没有感到委屈，只是焦急地说：“又耽搁了这么些时间，那病人可不要出危险才好！”

我们终于找到病人的家，亲眼看着病人服了药，这时我看得出，少年确实累坏了。可他还是坚持要划船把我送回医院去。

这情景到今天我还记得非常清楚：也是这样的初夏天气，也是这样的夜半时分，星星在我们头上眨眼，晚风轻轻地吹动我们的衣襟，带着水草的清香和潮湿的泥土气；青蛙时断时续地叫着；水面上时而掠过一只水鸟或是蝙蝠；扑通一声，附近一条鱼跳了一下。我舒适地躺在船底的稻草堆上，感到水波就在我的身下轻轻拍打船底。少年默不作声地坐在船尾，有节奏地划着桨。啊，五月的水乡的夜，是多么迷人哪！

记得当时我仰起头来，看着那一望无际的暗绿的原野，看着天空的星星，看着河里不停摇曳的月亮，不觉大声地念出了两句诗：

星垂平野阔，

月涌大江流。

想不到，这两句顺口溜出来的古诗，却引起了少年的兴趣，他一口气向我提出了一连串的问题：

“叔叔，星星是什么做的?”

“月亮上为什么有黑影?”

“银河究竟有多远?”

…………

他一定是个喜欢钻研自然科学的少年。可惜我不能给他满意的回答。

看来，这灿烂的星空，也引起了他的遐想，而且他一定是个喜欢钻研自然科学的少年。可惜我不能给他满意的回答。

我记得很清楚，当时，在我们头上，飞过了一颗流星，它带着长长的光尾，消失在天际。这使少年更深地沉入了幻想，他停住桨，长久地看着天空，直到小船打横了才使他惊觉过来……

啊，这两个少年，是多么相似！如果不是一个在上海郊区，一个在江南水乡，我简直要怀疑他们就是一个人了！然而，他们并不是一个人，他们绝对不是一个人，虽然，在我的记忆里，几乎已很难把他们分清。

火车在工厂和田野之间前进着。望着灿烂的星空，我默默地怀念那两位少年，祖国的新一代。

学　费

我的故乡在富春江畔，是一个古老的小镇。我童年读书的学校，就在这个镇上。那学校又小又破烂，挤在洗染店、碾米坊和土地庙的中间。尽管这样，我还是很爱它。每当我一踏进那长着天竺葵和凤仙花的狭小的过道，闻到那从洗染店里飘过来的靛青味道，就会感到一阵宁静和欢乐；那小小的操场，操场旁的梧桐树，爬满了牵牛花的矮围墙，也似乎都有一种不平凡的色彩。

我十五岁那年，爸爸在暑假中去世。他临死前对妈妈说："我不行了！阿杰，一定要让他读书，读下去……"妈妈一面点头，一面伤心地大哭起来。可是，爸爸是个穷教员，除了几本破书，什么也没有留下来；我们母子俩连吃饭都成问题，哪来的学费供我读书？

按照规定，开学后两星期不交学费就不得入学，可是我仍然硬着头皮去上学。每天，先生点名时，总没有我的名字，这时同学们都用异样的眼光看着我，我好像坐在针毡上。我们的级任老师罗先生问我：“你的学费有着落了吗？”当我惭愧地低下头去的时候，他用他那藏在高度近视眼镜后面的目光望着我，叹一口气，同情地说：“再去想想办法吧。”

一天，校长把我叫到办公室，大声地训斥我。

“开学已经快三个星期了，要不是因为你爸爸生前是本校教员，早就……”校长咳了一声，“现在，

再给你一天限期，明天交不出，你就不必……”说到这里，校长又干咳起来。

我完全懂得他的咳嗽是什么意思，就红着脸，鞠个躬走了。

回到家里，看见妈妈正在使劲儿地搓洗衣服，两条眉毛蹙在一起，知道她今天又碰了壁：没有能借到学费。

我没有把校长的话告诉妈妈，丢下书包，就帮妈妈去挑水，收晒干的衣服去了。自从爸爸死了以后，我们家就是靠妈妈替人家洗衣服、做针线过日子的。这天晚上，刮了一夜北风，第二天，深秋的第一个寒

潮袭来了。风在屋外呼啸，把樟树上的枯叶刮得满地乱飘；窗格发出咯啦啦的声响。富春江水发出了哗哗的波浪声，一阵阵从远处传来，更增加了萧瑟寒冷的感觉。大清早，妈就从箱子里翻出一件薄棉袄来，要我穿上，谁知棉袄小了只能套上一只袖子，第二只怎么也套不上，妈妈叹息着脱下了自己身上的棉背心，给我披在身上。

“妈，我不冷！”

“外面风大。穿上吧，你要读书去，受了凉要生病的。”

“妈，我，我不想读书了。”我脱下棉背心，吞吞吐吐地说。

“什么？”妈拿着背心愣住了。

“我去做工……”我喃喃地说。

妈妈伤心地转过脸去，对着挂在墙上的照片——爸爸的遗照，看了一会儿，又从箱子里翻出了一件旧绒线衣，穿在自己身上，然后，又拿起那件棉背心，走到我的面前，低声说：“穿上吧，快上学去！”妈妈的声音有些喑哑。

风从窗缝中钻进来，冷飕飕的，吹动了妈妈的头发，突然，我发觉妈妈的两鬓已经有了不少白丝。我不敢叫她更加伤心，只得拿起书包，向学校走去……

路过办公室门口，里面传出两个人争吵的声音："这么说，不能通融了?"这是罗先生洪亮的声音。

"这已经是最后期限，自然无法再延!"是校长的干枯嗓子。

"校长，你要把林杰一脚踢出校门!"

"这是他自动退学，并非校方开除。"

"你也该想想他爸爸呀！林先生在本校执教十八年，最后辛劳而死。为我们学校，为教育事业，花费了不少心血！现在，他的孩子却得不到求学的机会……"罗先生气愤得说不下去了。

"正因为林杰的父亲是本校教员，才一再予以照顾。可是学校不是慈善机构!"接着又是一阵干咳。

听到这儿，我一阵打寒战，只见摇铃的老校工从布告牌那边唉声叹气地走了过来，我走过去，在布告牌上看见了自己的名字和“自动退学”几个字连在一起。读书没有希望了！我噙着泪水，低着头，躲过同学，背着书包走出了校门。

“回来啦，今天怎么这样早?”我回到家里，妈妈就奇怪地问。没有等我回答，妈妈又接着说：“好

啦，别再愁眉苦脸的。喏，把钱拿去，明天去交了吧。”说着，她从贴身的衣袋里掏出了一沓钞票来，那票子上还留着她的体温。

“学费?”我愣住了。多少天来，妈妈为它奔波，我为它愁苦，多么想能得到这么一笔钱哪！我紧紧地捏着这笔钱，过了半晌才问：“妈，钱是从哪儿得来的?”

“是族长给我们想的办法!”

族长？寿金太公是我们镇上的一个老秀才，为人趋炎附势。我有些怀疑了：“妈，别是你又拿什么衣服去换来的吧?”

“还有什么衣服能换哪!”妈妈叹了口气，拿出针线活儿来做，不再说话了。

夜里，我翻来覆去怎么也睡不着。秋风把园子里的竹枝刮得淅淅沥沥地响。妈妈微微地呻吟着，还说着呓语。我悄悄起来，走到妈妈床前，使我吃了一惊！妈妈的那件绒线衣到哪里去了？盖在她被子上的只有一件旧夹衣!

地上有一张白纸，我捡了起来，走到窗口，借着射进来的月光一看，只见上面用墨笔写着这么一些字：

“兹因林门胡氏家有急用，托中人林寿金向林财福借到法币拾壹圆伍角整，由旧绒线衣壹件做押。双方言明：月利贰分……”

我的手不觉哆嗦起来。“拾壹圆伍角”，不正是学费的数目吗……

我把借据藏进衣袋，泪水忍不住扑簌簌地落下来。我真想扑在妈妈身上，痛痛快快地哭一场！

第二天一早，我就拿着“学费”走了。我没有去上学，而是到族长家里去了。

族长寿金太公是个矮胖且秃顶的人。我进去的时候，他正在书房里呼噜呼噜地抽着水烟，听我说要把绒线衣赎回去，便瓮声瓮气地说：“嗯，书不读啦？再想想吧！我们可是书香门第呀！”

“寿金太公，把绒线衣还了我吧。再读下去，妈妈要冻死！”我把钱和借据一起放在他桌上。

“嗯，”寿金太公慢吞吞地吸完水烟，才伸出指甲长长的手来数钱，数好后，问我：“利钱呢？”

“什么利钱?”

“月利贰分，借据上不是写着吗?”

“利钱？昨天刚借的，今天就要利钱?”

“别说过了一夜，就是昨天晚上来赎，也得照付月利钱!”

“太公，借来的钱，我们根本没动过呀!”

寿金太公只顾吸水烟，根本不睬我了。

从族长家里出来，我漫无目的地走着，慢慢离开了小镇，踱到江边，坐在一块岩石上，望着滔滔的江水发愁。

秋风越刮越尖厉了，虽然是正午时分，太阳晒在脸上却感觉不到一丝暖意。我想起妈妈，她穿着一件夹衣，蹲在江边洗衣，有多冷啊！我的心就像铅块似的压着胸口，闷得气也喘不过来了……

忽然，一个人拍拍我的肩头。回头一看，原来是罗先生。他俯下身来，跟我坐到一起：“你妈妈刚才给你送棉背心来，说学费已经给你。可你，为什么不去上学?”

听到这话，我站了起来，但想了想，又颓然地坐下了。

“林杰，告诉我，你的学费呢？我知道你平日不是糊涂孩子，读书也挺用功，可今天，你的行为不大对头哇！你知道妈妈正在到处找你吗？”

我把借据递给罗先生，并且把刚才在族长家里发生的事情告诉了他。他的眼睛也红了，他取下了眼镜，用手帕拭拭，又戴上。我们默默地坐了一会儿，罗先生说：“林杰，我原先一直是劝你上学的，为了这事，我还跟校长翻了脸。可现在，退学，也好！在这个黑暗的社会里，就算你能继续上学，读到毕业，不是失业，就是像你爸爸一样，一肚子学问，还不是吃了一辈子苦，到头来还供不起儿子读书！”他说着，从口袋里掏出了点儿钱，把我拉了起来，说，“来，跟我走，我帮你去把绒线衣赎回来吧。”

我们师生俩在这秋风萧索的富春江边，紧紧地靠在一起，向小镇走去。

回到家里，已将近黄昏。

妈妈坐在院子里，借着淡淡的月光，还在洗衣服。

“妈!”

妈妈微怔了一下，似乎从沉思中惊醒。但她没有答应。

“妈!”我叫得更响。

妈妈还是没有答应，反而把身子转过去了。

“你回来干吗!”妈的身体剧烈地颤动着，声音又枯涩又低沉。

“妈，我，我在……”

“滚出去！滚出去！快滚出去!”妈妈厉声地叫了起来，把我推跌在地上。

我爬起来，又扑到她身上。她喘着气。

我把头埋在她怀中，忍不住大哭起来。

“你回来干吗？你有什么脸回来见我!”妈妈说着，眼泪扑簌簌地落到我的脖子上。

我从书包里拿出绒线衣，妈妈把我揽到怀里，大声地痛哭起来……

校门口来了个“要饭的”

校门口来了个“要饭的”。这可真稀罕！

这是一条整洁、清静的马路，附近有高级公寓，有宾馆，有用篱笆围着的一幢幢奶黄色的干部宿舍，这儿有的孩子除了在电影里看到过旧社会“要饭的”以外，恐怕还是头一回见到这么一个可怜巴巴的老头儿呢！你看，他蓬着头发，花白的胡子又长又乱，一件破破烂烂的棉衣，纽扣掉得差不多了，腰上用草绳子缚着，下面却是一条肮脏的单裤，一双破跑鞋。更叫人可怜的是，他半蹲半坐，低着头，面前搁着一只破杯，杯里有几分硬币、几张粮票。他嘴里轻轻地叫唤着，可听不清说的什么。

这正是下午放学的时候，一下子，“要饭的”就被同学们围了起来。一些小同学，惊讶而又好奇地看着，不知道是谁先小声说了句："这是要饭的。"有几个同学放了几分钱在他的杯里，老头儿张开浑浊的双眼，感激地朝孩子们看看，嘴里咕哝了句什么。

"让开让开！看什么好东西？"突然，小同学们被推开，几个高年级同学挤了进来，一看，便失望地说："一个老头儿，要饭的老头儿。"

一个穿红上衣的女同学（她叫俞丽虹），挤进来看了一下，叫着："哟，真可怜。"说着，把自己正在吃的面包掰下一半，递给老头儿，"喏，给你。"

"俞丽虹，不要给他！"突然传来一声吆喝，吓得

女孩子急忙把手缩回来，半个面包也掉在地上。她回头朝吆喝的男同学埋怨地说："徐冲，你真会吓人，把我吓了一跳。"

叫徐冲的那男孩子长得粗眉大眼的，挺精神，一件青灰色夹克衫，配上红领巾，臂上挂着三道红杠杠的标志，原来是一个"小干部"。同学们知道他住在围着篱笆的干部宿舍里。因为他功课好，老师喜欢，同学们都服帖，很有点儿威信。这时徐冲刚在"戏剧小组"排完戏，脸上红红的油彩还没擦净，斜挎着人造革书包，从学校里跑出来，一看俞丽虹要把面包给"要饭的"，便大喝一声，阻止了她。

只见徐冲走到老人面前，仔细看了一会儿，问："喂，你是干什么的？为什么蹲在这里？"

老人抬头看看徐冲，没有回答。徐冲又用普通话问了一遍，老人哆哆嗦嗦地说了几句北方话，乡音太重，口齿又不清，只听见"俺""俺"的，不知道他说的什么。

"他说，他肚子饿，没钱买吃的。"站在边上的一个同学说。他叫乔土根，穿一件劳动布上衣，也许是他爸爸穿旧的，又宽又大，再加他长着两只黑白分明的大眼睛，圆圆的翘鼻子，说起话来露出两只白白的虎牙，显得很朴实诚恳。他也是戏剧小组成员，家就在附近一所工房里。

“你听得懂他的话?”徐冲问。

“嗯，”乔土根点点头，“他说的话跟我奶奶说的一样，是我们老家的土话。”

“那你问问他，为什么从家乡跑出来要饭?”徐冲命令地说。

乔土根用别人听不懂的土话和老头儿交谈起来。他们谈得挺亲切，谈着谈着，乔土根的眼里闪着泪光。只见老头儿边说边用衣襟擦泪，显得十分伤心。乔土根告诉大家：老头的儿子、儿媳待他不好，他到外头来找一个侄女，刚下火车就被人偷走了包裹，把地址给丢了，就流落在马路上。同学们听了，都同情地瞧着他。

徐冲说：“他为什么不去找公安局呢?”

“他怕政府把他送回老家去。他不愿回去。”乔土根回答。

徐冲说："哼，他说的怕不是真话，所有要饭的总是装得可怜巴巴的模样，好引起人家可怜他。我妈妈说，现在有的人就是不想待在农村，愿意到大城市来要饭，过不劳而获的寄生虫生活。这种人真讨厌！"

乔土根说："不一定吧，现在农村生活比过去好得多了。"

徐冲说："你知道什么！农村里有的是懒汉！"

听徐冲这么一说，几个顽皮的小同学就转变了态度，有的把自己给的硬币从杯子里取了回来，有的把杯子踢倒了，有的朝老头儿吐口水，还骂他："寄生虫！不要脸！""快走！我们学校门口不要你来！"

老头儿一边抢杯子，一边朝徐冲瞧，嘴里叽叽咕咕地说着。

俞丽虹拉住小同学的手说："别欺负他啦，不管他说的是真是假，这副模样反正也够可怜了，我倒很同情他。"

徐冲说："哼，你们小姑娘就是心肠软，还同情这种人！"

乔土根说："为什么不能同情他，他只是穷，可不是坏人！为什么不能同情一个穷人？"

徐冲说："我看，他穷就是活该！恐怕是为了骗钱，故意胡说八道吧？我看就值得怀疑，至少是不爱劳动的懒汉！"

乔土根不同意徐冲的话，他觉得徐冲的话听上去句句"正确"，但不够实事求是，马路上那些要饭的，虽然可能有骗钱的懒汉，但其中也确有生活困难的人，统统把他们当"坏人"赶走，难道就对吗？为什么不能同情、关心一下？

因为徐冲威信高，他的话听上去又"响亮"，驳不倒，于是，同学们把老头儿撵走了，不许他在这儿要饭。俞丽虹虽然也同情老头儿，但不敢反对徐冲，只好边吃面包边看热闹。正当老头儿拄着拐棍，颤巍巍地走去时，乔土根忽然奔过去，扶住他的手臂，懂事地说："老大爷，我陪你到我们里委会去吧，政府会送你回家乡去，总比流落在街上要饭强啊！"

老头儿没想到乔土根会去扶他，一个趔趄，不觉倒在小乔身上。从老头儿身上发出一股强烈的汗味和大蒜味，徐冲他们赶紧把鼻子掩起来，离得远远的；可乔土根却没觉得什么，每年春节他跟奶奶回乡，在乡亲们身上整天都可以闻到这种亲切的气味。他让老头儿靠在自己肩上，扶着他往前走。他想把老头儿扶到里委会去，请里委会的阿姨想办法给他找个合适的去处，免得再在街上要饭。

“孩子，把头抬起来，让我好好看看你！”老头儿说着，仔细地把乔土根看了又看。忽然，他指着前面的车站说：“我不到里委会去，我有个同乡，住在江边码头，你扶我到车站吧，我去找他，商量回家乡去的事。孩子，你的心挺好，我永远不会忘记你。”

乔土根把老头儿扶到车站，送他上了车，帮他找了个座位坐下了，这才回家去。老远了，老头儿还在车窗里望着他。

第二天下午，戏剧小组正在排练，忽然来了两位叔叔，是电视台的，由校长陪着，看了一会儿同学们的表演，又提出要和徐冲、俞丽虹、乔土根等同学座谈。孩子们高兴极了，纷纷围着电视台的叔叔，徐冲还拿出笔记本来请叔叔在上面签名留念。

一位中年演员叔叔笑吟吟地说：“同学们，我是来征求意见的。最近，电视台要开拍一部儿童电视片，我演其中一个角色，是一位遭到儿子、媳妇虐待的可怜的老人，我们导演要我先试演一下，征求同学们的意见，不知道演得像不像呢。”

孩子们高兴地说：“好，好，什么时候试演?”

“时间：昨天下午。地点：校门口。观众：就是你，你，你们……”演员叔叔用手指点徐冲、乔土根和俞丽虹的鼻子，忽然用一种苍老而微微颤抖的声音说：“俺……家乡住不下去了，俺那儿子、媳妇，不让俺吃饱……唉，俺可怎么好哇！”说着站起来颤巍巍地走了几步。

这一下，孩子们全愣住了，眼前这位穿着整洁的中山装的英俊叔叔，原来就是昨天坐在校门口的那个又老又脏的“要饭老头儿”啊！大家一句话也说不出来，只是呆呆地目不转睛地望着他，好久，才从叔叔的两只眼睛看出了一点“共同点”，证明昨天那个“要饭的”确是这叔叔扮的。于是大家一齐又嚷又笑：“像，像极了，完全跟真的一样!”“简直就是真的!”

另一位叔叔（他是导演）说：“这部片子里还有一个儿童角色，他是老人的外孙，是个富有同情心的好孩子，演员还没确定。我准备从你们戏剧小组里选一个……”

听到这儿，孩子们全睁大双眼，坐得笔直，连大气也不喘。徐冲想：“肯定是我!”

“经过我们研究，并且已经征得学校同意，我们决定，由乔土根同学担任这个角色!”导演说到这儿，所有的孩子都欢呼起来，拼命拍手。演老人的叔叔一把拉过小乔，把他揽在怀里。小乔紧紧抱住了叔叔的脖子，瞧，这“爷孙俩”多亲热。

徐冲也鼓着掌，但脸上一点儿笑容也没有，一种失望、委屈的情绪，使他嘴巴也发干了。他忍住泪水，悄悄走了。

座谈会热烈地进行着。电视台的叔叔给大家介绍了拍电视片的过程，还辅导大家怎样念好台词。同学们都十分兴奋。

一个多钟头以后，校长接到徐冲妈妈的电话，责问学校为什么没让“我们的冲冲”担任电视剧里的儿童角色？她说，论形象和演戏的水平，冲冲都比乔土根好，家庭政治情况也好，又是大队委员……“你们学校是怎么搞的？”

校长回答说，这事主要是电视台决定的。幸好电视台的两位同志还没走，正在边上，校长就把电话筒交给那演员，让他直接去谈。

只听得电话听筒里嘀嘀咕咕地响了好久，大概是徐冲的妈妈在“推荐”儿子的优点吧。演员叔叔耐心地听着，嗯嗯地答应着。忽然，他爽朗地笑了起来，高声说：“事情已经决定，不想改变了。不错，徐冲各方面条件都很好，但是，我们觉得他身上缺少了一点儿东西。”

说完，就把电话挂了。

亲爱的读者，你已经看完了这个故事，请你也不妨想一想：徐冲身上到底缺少了一点儿什么？

猫的悲喜剧

黑妞是我们这幢楼里年龄最小的孩子，今年才五岁，每天上幼儿园还得奶奶接送呢。可是最近，我常常看到她捧着一只小铁盆，从楼上噔噔噔地走下来，到门口的垃圾箱那里去，显得殷勤而认真。

一天，我在门口碰到她，她抬起头叫了一声："任伯伯！"便捧着盆向门外走。我看看她手里的铁盆，只见里面装着一些泥土。我说："黑妞真行，能替奶奶倒垃圾啦！"

黑妞摇着头说："不是垃圾，是小白拉的屎。小白真聪明，它总在这盆里拉屎。它可懂卫生啦！"

"小白？小白是谁？啊，我猜是一只小猫吧？"

黑妞得意地点着头："任伯伯，你喜欢小猫吗？"

这……我可有点儿难以回答。我从小就喜欢各种昆虫和小动物，从蟋蟀、金铃子、螳螂到小兔、小鸭、小狗，我都饲养过，包括小乌龟和小鱼。可是有一个例外，从来没饲养过小猫。不知为什么，也许是幼小时听了父亲的教诲（父亲不喜欢猫，也不许我们养猫）；长大后又受了鲁迅杂文的影响吧，我历来对猫有点儿“成见”，觉得这是一种比较阴冷而诡谲的动物，特别是那双绿莹莹的、永远存有戒心的眼睛和随时准备逃跑的身架，实在引不起我的好感。

可是我不能扫黑妞的兴，便点点头说：“嗯，喜欢。”

黑妞倒掉盆里的脏物，又装了点儿新泥在里面，拉起我的手，邀请我去看她的小白。从她那庄严的神态看，能受到这样的邀请，是一种不可多得的“待遇”。我自然只能应邀上楼。

一开门，只见一只小猫从屋里跑了出来，在黑妞脚边转来转去，还抬起头，朝黑妞喵喵地叫，好像说：“黑妞，快来跟我玩！”

这确实是一只很好看的小猫咪，浑身雪白，耳朵和

四条腿都是黄的，一举一动都显得十分天真，十分顽皮。显然，这还是一只初生的什么也不懂的“猫娃子”。

黑妞的奶奶刚请我坐下，黑妞马上给我一条细绳子，叫我跟小白玩。我把绳子的一端放在它面前抖动，它立刻就兴奋地用双眼盯着绳子，跳起来又抓又咬，有时用软绵绵的脚爪打我的手，有时又在地上滚来滚去，真是顽皮得很。黑妞的奶奶对我说，小白最爱这么玩，就像一个淘气包似的。怪不得黑妞这么喜欢它。

这时，黑妞要练琴了。她刚在钢琴前坐下，小白就轻轻跳到黑妞的膝上，黑妞弹琴，小白竟也伸出一只前爪，搁在琴键上弹起来。黑妞假装生气，把小白推下地去。小白仰起脸，喵喵地叫了几声，看看小主人没睬它，就一跳跳到钢琴上，它从键盘的这头跑到那头，钢琴发出叮叮咚咚的声音，小白愣住了，回头傻傻地看着琴键，又举起自己的脚来看看，似乎在奇怪地想："咦，怎么我也会弹琴啦?"

我们看了，不觉都哈哈大笑起来。

这时，黑妞的奶奶告诉我，小白跟黑妞亲热极了，黑妞走到哪儿，它就跟到哪儿，连晚上睡觉都在一个床上呢！有一次，黑妞赖学，不肯到幼儿园去，还发脾气，把小杯子摔到了地上。奶奶生气了，就在黑妞的屁股上揍了一下，黑妞哭了，小白站在黑妞一边，喵喵地"骂"奶奶，还跳到黑妞怀里，摩来擦去地"安慰"黑妞，逗得黑妞跟奶奶都笑了。"这真是只通灵性的小猫呢！"奶奶说，"它处处都护着黑妞，黑妞也护着它，两个淘气精抱成了团。可就是有一点，它不脏，拉屎总拉在盆里。"听口气，奶奶也是喜欢它的。

是呀，看着这两个小不点儿，谁能不感到幼小者的可爱。人总有点儿“童心”嘛。

从这以后，慢慢地，我也跟小白交上了朋友。黑妞是常来我家玩的，现在，只要她一跨进我的“斗室”，小白也总跟着她，悄没声儿地跑进来。黑妞照例是坐在小椅上看图画书，小白则好奇地东钻西钻，沙发底下，书橱后面，各个旮旯里都要去看个究竟，有时候跳上沙发，一本正经地坐着休息一会儿，有时又在我脚边抓呀爬呀，把我鞋带都咬烂了。好在她和它都不大出声儿，我便也照样写我的东西。

那时候，一位朋友送给我两只“娇凤”，养在笼里，鸣声虽不悦耳，但那娇小的身形，活跃的姿态，斑斓的色彩，却也相当逗人喜爱。闲暇时，我常在笼边静静地观察，发现这两只小鸟极其友爱，每逢有好吃的食物（例如新鲜的菜叶）投入笼中，黄色而略大的一只，总是让绿色而略小的那只先吃，等绿色的吃饱了，黄色的再吃。据识者说，两只都是公鸟，因此我便戏称它们为“阿哥”“阿弟”。阿哥稳重而谦和，总是站在横木上，磨磨嘴，理理羽毛，偶尔愉快地叫几声；阿弟活泼而顽皮，常常叽喳叽喳地叫个不停，跳个不停，把水壶里的水泼洒满地，还常常跟阿哥打闹，又啄又咬地进行捣乱。阿哥总是忍让，有时见阿弟闹得不像话，便也狠狠地用粗厚的嘴“教训”它几下，等阿弟老实下来，兄弟俩便紧紧依偎在一起，你给我梳梳头，我给你理理背。有时候，两只小鸟还会嘴对着嘴，互相把嘴里的食品喂给对方，真是一对友爱的小哥儿俩——说老实话，这两只娇凤不仅成了我解闷的对象，也成了我们一家的“宠儿”。

可是一天，娇凤差点儿成了小猫爪下的牺牲品。那是一个春天的近午，我正在写作，黑妞在看图画书，屋里静悄悄的，突然，从阳台上传来一阵凄惨的鸟叫，夹杂着翅膀的扑扇声，我急忙掷笔奔去一看，只见小白正扒在鸟笼上，一只脚爪伸进笼内，在抓捕娇凤，那黄色的阿哥已被逼到笼边，束手就擒，绿色的阿弟满笼乱飞，凄厉地叫着，情势真是危急呀！

我大叫一声，小白回头一看，知道自己闯了祸，急忙跳下来溜走了。我赶过去仔细检视，发现两只鸟都已被吓破了胆，畏畏缩缩地挤在角上，尤其是阿哥，可能受了内伤，耷拉着翅膀，蓬着羽毛，不停地哆嗦着。笼底上，飘落了不少黄色和绿色的羽毛，盛粟米的小盆也掉在笼底摔破了。景象是凄惨的。

我又急又气，赶紧来收拾这个“残局”。这时，黑妞也丢了书，跑来问道：“任伯伯，小鸟怎么啦？是打架吗？”

我由于心疼，便没好气地说：“还问呢！是你们小白，把两只鸟差点儿全咬死！”

黑妞一听，愣住了，脸上的表情是那么惊慌而沮丧。

“快把小白捉回去吧，以后，别让它到这儿来啦！”

可是闯了祸的小白早不知躲到哪儿去了，黑妞叫哇找哇，躺在地上往沙发底下瞅，连个影儿也没有。等我拾掇好鸟笼，让两个“受害者”初步恢复了镇静，再来帮助黑妞找寻那个“肇事者”。花了好大劲儿，才总算在书橱背后的一只皮鞋里，发现了正在瑟瑟发抖的“谋杀未遂犯”。

当黑妞抱着小白离去时，神情是黯然的，眼里噙着泪花。

娇凤很快恢复了原状，但失去了光泽和活力，变得蓬松而疲惫。两天以后，阿哥不食不鸣，老是缩着脖子，站在横木上打盹儿，我知道情况不妙。果然，又过了两天，它病倒了，躺在笼底，不停地哆嗦着。阿弟也从横木上跳下来，跟阿哥躺在一起，依偎着它，用嘴梳理阿哥的羽毛，那种凄婉的神态，真催人泪下——可是我不懂鸟道，无法解除它的痛苦。只能眼睁睁地看着这只美丽的小鸟，在“弥留”了几小时之后，双腿抽搐一阵，溘然长逝。

阿哥死后，阿弟犹依偎久之，然后才跳上横木，吃了点儿粟米，喝了点儿水，看上去是“节哀自重”的意思。然而，这只孤独的小鸟，却永远不再活泼跳跃，欢乐歌唱了。每看到它那茕茕孑立的模样，我总感到一丝悲哀，当然更谈不上给我带来愉悦了。

“娇凤惨案”发生后，小白在楼里的声誉大跌。“老任家的娇凤让小白给咬死了！”一时在全楼成为

"头号新闻"，小白所到之处，人们都投以警戒的眼光。然而又一个打击落到了小白的头上，这天我出去开会，匆忙中随手拿过书橱后的皮鞋，刚把脚伸进去，就觉得踩上了一堆又冷又臭的东西，仔细一看，是猫屎。原来，这还是那天小白肇祸后，躲在这皮鞋中发抖时留下的"杰作"。

这一来，小白在"谋杀"之外，还多了一条"随地大便"的劣迹，黑妞原来宣扬它讲卫生的美誉，也就不攻自破了。

也巧，就在这时，黑妞的爸爸（一位作曲家）从外地出差回来了。在晤谈中，我笑着把小猫闹的这些"趣剧"告诉了他。黑妞爸爸听了，连连向我表示抱歉。他说，他不喜欢猫，主要是怕脏。

谁料到，第二天一早，黑妞爸爸跟我在楼下碰到了，悄悄地对我说："老任，那小猫，昨天半夜里被我带到远处扔掉了。咱别说出去！"

我吃了一惊，说："啊，你干吗？黑妞拿它当命根子哩！"

他皱着眉说："唉，脏不拉叽的，真讨嫌！大起来还要惹更多的是非。我就反对孩子玩这些东西。"

"这，怕不大好吧？黑妞该伤心了。"

"伤心一阵就会好的。这孩子任性，管不住自己，前一阵，钢琴也没好好练，指法都荒废了，再养猫怎么行!"

我讷讷地说："早知这样，我不给你说那鸟儿的事就好……"

"不，你千万别过意不去。"黑妞爸爸说，"你不知道，昨晚上，我刚睡着，那猫竟爬到床上，钻进了我的被窝。我一翻身，把它压疼了，它又叫又抓，把我手臂都抓破了，我一怒之下，就把它给放逐了！就算没有鸟儿的事，我也照样干。"

那一天，我惴惴不安。坐在屋里写东西，老把一只耳朵放在外面。果然，我听见黑妞到处找猫的呼唤声，接着听见奶奶的哄骗声，爸爸的斥责声，最后是黑妞的哭声。那一天，我始终没听到从楼上传来美妙悦耳的叮叮咚咚的钢琴声。

第二天，我在楼梯口碰到了黑妞，她的眼睛都哭肿了。她用悲伤的声调告诉我：“任伯伯，小白不见了，它一定是迷了路，让坏人捉走了……”黑妞竟为此而病了好几天，我无法安慰她，只感到内心的不安。

我的不安很快变为深深的内疚。因为送我娇凤的那位朋友来访，他察看了鸟笼内的“幸存者”，又仔细了解阿哥的死状，然后肯定地说，那只娇凤并非死于内伤，而是由于吃了霉米，也就是说，是被黄曲霉素毒死的。他的论断是令人信服的，因为我记得有一次粟米吃完了，确曾给娇凤喂过大米，而这大米曾被雨淋湿后又晒干，有一点儿霉味。

这么说，小白并不是“谋杀者”，它的过失仅仅是好奇和顽皮，当时，它不过想跟那鸟儿玩一玩罢了。至于皮鞋里的屎，显然是被我吓出来的。

我也曾悄悄地到新村周围去找过，可是一无所获。最后只好买了一只丝绒做的玩具小猫，送给黑妞。但据奶奶说，不知为什么，黑妞始终不怎么喜爱它，只是把它搁在钢琴上，作为一个小小的装饰品。

我的朋友容容

在我所有的朋友中，容容也许能算是最亲密的一个了——虽然她也是最年轻的一个：今年总共三十六个月，就是说，正满三岁。

我们住在一个院子里。住在这院子里的人可不少，但最著名的人物还得算容容，关于她的生活故事，这院子里“流传”得可多呢。下面，就是我记载下来的一部分。

从狩猎到饲养

我们院子里的一位老先生（系某出版社校对）听

《我的朋友容容》入选小学语文教材五年级下册课文。选作课文时有改动。

说我要为容容写“传”，就摇着头不以为然地说：“古之圣贤才能立传，而容容乃是一个幼儿，除了吃就是玩，有何可传者乎？”其实我写的根本不是什么《容容传》；至于说容容的生活“除了吃就是玩”，这样的“评价”却是不够公允的。至少从容容的角度来看，她一天到晚“除了吃”之外，大部分时间是忙于劳动、工作、公益等项，甚至有时忙到连吃饭也忘了，需得她奶奶拿着饭碗，紧跟在后面，瞅空就喂她一口，实行“监督吃饭”，因为当时容容正坐在一排椅子上，忘我地在为一群无形的乘客驾驶着公共汽车。试问终点站还没到，作为一名负责的司机兼售票员，怎能光顾自己爬下来回去吃饭呢？何况容容要做的工作绝不是仅仅这一项而已；开完汽车，她还得去煮饭给“小宝宝”（就是她的洋娃娃）吃，而且这几天“小宝宝”在生病，还得给它打针；此外，她还要“做电影”给奶奶看；而邻居的小珍、小琳还在邀她去举行“红旗大游行”呢！你瞧，容容有多忙啊！

近来，容容忽然又搞起饲养工作来了，但这得从

“狩猎”说起。因为她所饲养的动物，几乎全部是猎取来的，这一点，倒颇有原始人的风气。就拿目前还活着的一群饲养物来看，计有大蚱蜢三只，小蚱蜢十余只，金虫一只，驼背乌壳虫一只（据她奶奶说，这是“放屁虫”，可是容容认定是一只“知了”，所以还是养着），其他不知名的昆虫若干只，这一切都是从后园草丛中捉来的；只有大肚子蝈蝈儿一只，是奶奶从市上买来的，但因为样子长得奇丑，得不到容容的欢心，养了两天，就遭到“放逐”，被丢到篱笆外边的野草丛里去了。

如果你能亲眼看看容容打猎的情景，你必定会很感动，而且不得不承认，她是一位极其勇悍的猎人。当她在草丛中赶出一只蚱蜢的时候，她那本来就很大的眼睛立刻瞪得像两粒玻璃弹子，然后，用整个身子猛扑下去，如果蚱蜢飞开了，她就赶紧爬起来，追过去，又用全身扑过去，总之，不把蚱蜢逮住，就是接连摔上十来跤也在所不惜。有一次，我看她有些可怜，就走过去帮她个忙，给她逮住了蚱蜢。谁知道我

的行动反而惹她不高兴，扭腰跺脚地几乎哭起来，我连忙把蚱蜢放了，再让她自己扑到地上去，亲手捉了这头“野兽”，她才喜笑颜开地跑去把它关进奶粉瓶里。由此可见，容容称得上是一个“真正的猎人”，因为听说一个真正的猎人最关心的并不是猎获物的多少，而打猎的过程才是他们最大的乐趣。

一天，邻居一个孩子送给她两只蟋蟀，这一下，那些大小蚱蜢和各色昆虫全都倒了霉，它们被一股脑儿地塞进了火柴匣子，奶粉瓶腾出来成了蟋蟀的新居。以后，容容的钟爱都集中在这两只蟋蟀身上了，每餐吃饭，她总要从饭碗里抓一大撮饭粒，丢到瓶内，并且看着蟋蟀捧饭大嚼，把肚子胀得老长，她才安心地自己去吃饭。她对这两只蟋蟀寄予多大的期望啊！她要把它们养得比大肚子蝈蝈儿还大，并且唱好听的歌给她听。

几天过去了，两只蟋蟀既不长大，也没有叫过一声，就是一个劲儿地吃粮食。容容终于耐不住了，她捧着瓶，到处打听：“奶奶，我的蟋蟀干吗不唱歌啦?”“任叔叔，我的蟋蟀过几天才会唱歌吗?”我细细地看了她的蟋蟀，发现它们原来都是“三枪”，就是尾巴上长着三支枪的，任何一个孩子都知道这是毫无用处的，既不会叫，也不会斗，其价值并不比一个“放屁虫”高多少。但是我们都没有向她说清这一点，所以她暂时还保留着这两个“食客”。

金铃子的故事

一天，容容家来了一个乡下客人，是奶奶的远房侄子。他送给容容一对金铃子，关在一个小巧的竹根雕成嵌着玻璃的盒子里。只要稍稍喂一点儿饭粒什么的，小小的金铃子就会一天到晚叫着，铃铃铃，铃铃铃，这声音又清脆又优美，听了叫人想起秋天的原野，想起田里丰实的玉米秆，想起早上露水点点的牵牛花。这样的东西对于每一个城市孩子来说都是极珍贵的礼物，容容更是把它当作宝贝一样。那两只蟋蟀就此失宠，终于被丢掉了。

容容整天拿着金铃子不放，甚至晚上睡觉的时候，也把它放在枕边。金铃子的声音在夜间显得更清脆动听，容容把头枕在小手上，久久地欣赏着这来自农村的音乐，听着听着，她说：“奶奶，金铃子的家是在乡下的。”“奶奶，乡下有很多很多的田，田里有草，草上有米的。”奶奶知道她是在说稻，因为乡下来的叔叔曾给容容讲了不少关于农村的事情，现在容容把金铃子的叫声和那些新鲜的事情融合在一起了。

她一边出神地听，一边又说："奶奶，乡下还有很多很多河浜，河浜里有很多很多鱼。乡下的鱼是活的，会游泳的。乡下还有真的牛，不会咬人的……"她记得的就是这么些。听着听着，她睡着了，小脸上还留着深情的微笑，也许她在梦中正骑着"真的牛"，在"草上有米"的田边走着……

金铃子成了容容最心爱的伙伴，相比之下，连小汽车、"小宝宝"和橡皮鹅也黯然失色了。但谁能料想得到，有一天她居然肯把这么心爱的东西送给我呢！

那时我生病住在医院里。一天，容容的奶奶来探望我，她是作为我们院子里所有邻居的代表来的，带来了好些吃的东西：这两只饼是某大婶的，这两只苹果是某大伯的……最后，她从兜里掏出了一个竹根雕成的小盒子："这是容容送给你的。"

我一看，这不是那对金铃子吗？我简直愣住了。

"就是那对金铃子，容容当成宝贝的。"奶奶说，"容容一定要我拿来，她要金铃子唱歌给你听，她简直有些可怜你，也许金铃子的叫声能给你解些寂寞。"

我捧着盒子，就像捧着一颗炽热的孩子的心，泪水在眼眶里转。我笑着说：“谢谢您，奶奶，您的容容有多善良啊！金铃子带回去给她吧，我终究是大孩子了，没有金铃子也不会寂寞的。”

“留下吧，叔叔，她说定了给你，带回去反而要惹她哭闹的，她的脾气你知道，倔强得像牛犊。”

金铃子就这么留在病床边。它的叫声确实给我减少了病房生活的寂寥。这时高时低的铃铃声，常常把我带到童年时代的回忆中去，使我想起故乡的秋天，想起童年时代那些淘气可笑的事情来。我还记得那时有一个好朋友，是一个小女孩，名叫秋姑。我和她一起放鹅，一起在河滩上捞螺蛳和河蚌，也一起在屋后寻找被风吹落的枣子。有一次，她病了，我孤单得要命。她要一对金铃子，我就钻到矮矮的小枣树丛中去为她寻找，枣树刺扯破了我的肩胛，马蜂把我的小手指叮得像一颗红枣，但我还是不顾一切地找着，终于捉住了一对金铃子，拿去送给秋姑……当我躺在病床上回忆着这遥远的一切时，我自己也忍不住笑了。金铃子的叫声就是这样富有魅力！

几天后，我病好出院了。当我回到家里，第一件事就是把金铃子送去还给容容。我亲热地抱着她打转，她也高兴得用小手拍打我的脑袋，纵声大笑着。

一封奇怪的信

我的朋友容容还是一个助人为乐，而且热心公益的人。

我订着一份《文汇报》。每天早上，容容总是搬着椅子，爬上去，踮起脚，从大门口邮箱里取出报纸来，然后爬下椅子，奔来把报纸交给我："任叔叔，报纸来啦！"

不知从什么时候开始，这已经成了她的习惯；而且她认为这是一项"权利"，是绝对不让别人侵犯的。

有一天，我忘了尊重她的权利，自己去把报纸取来了。我正在看报，容容走来，她看看我手里的报纸，忽然噘起了嘴，挺委屈地走了；过了一会儿，我听到她的哭声，以及奶奶又骂又哄的声音。起先我不加注意，后来忽然感到这似乎跟报纸有些关系，过去一打听，果然，她是为了报纸的事在发脾气。我连忙把报纸送回到大门口去。容容就不哭了，又搬着椅子去把报纸取了来交给我，才又高兴起来。容容就是这么忠于职守。

一天我下班回家，容容给我拿来一封信，是我的一个老同学从外地寄来的。容容似乎对信发生了浓厚的兴趣，等我看完信，她好奇地问："任叔叔，这是什么？"

"这是信。"

"信是什么？"

"信就是信。譬如说，我有个好朋友，我有话跟他讲，我就可以写一封信寄给他。信封上写了个名字，就可以寄了。"

"那么我也可以寄信给好朋友吗？"

"当然可以，如果你有好朋友的话。"我笑着说。

"就拿这样的信封寄吗？"

“对！”

“到哪儿去寄呢？”

“往邮筒里一塞就行。我们大门外边不就有个邮筒吗？”

“知道啦！知道啦！”她高兴地说。

不知什么时候，她把我的信封拿去玩了，我也不在意。不料过了一天，邮递员通知我说有一封“欠资待领”的信，叫我到邮局去领。我连忙上邮局付了邮资，领出信来一看，啊，原来又是那位老同学寄来的。这家伙跟我捣什么蛋，信封上贴了张用过的旧邮票。我一边生气一边拆信，啊！老天爷，难道他疯了？信里连半个字也没有，却装着一张梧桐树叶。真是奥妙！我把叶子翻来覆去看了半天，怎么也猜不出它包含着什么意思。

我十分纳闷儿。回到家里，容容却跟在我旁边，老用一种异样的眼光看着我，似乎准备告诉我什么秘密。过了一会儿，她似乎忍不住了，就拉住我，在我耳边轻轻地说：“任叔叔，我告诉你，我寄给你一封信！真正的信！”

“什么？”我奇怪地问。

“我今天给你寄了一封信，就用那个信封寄的，里面藏着一片叶子……”

不等她说完，我就大笑起来，几乎把肚子都笑疼了。原来那“欠资待领”的信件就是她寄的呀！

为了这封信，她奶奶把她好好地骂了一顿；后来院子里的人都知道了这回事，都拿它当笑话讲。可是容容还是很高兴，她也不懂奶奶干吗要骂她，人们干吗要笑她。试问，这有什么可笑的呢？她不过是寄了一封信，而且信也寄到了我这里，这有什么不对呢？要知道她和我是好朋友，而好朋友是可以互相寄信的呀！

“大学生”

容容忽然成了“大学生”。院子里的人全叫她“大学生”。

这绝不是因为容容真的考进了大学。不，她连幼儿园还没进呢！

那么是怎么回事呢？原来最近容容开始认识了几个阿拉伯数字，从1到5，还有7和8，至于6和9，她还是稀里糊涂的。这几个数字是她从钟面上学来的，是奶奶教会她的。

这么一来，她总算是有文化了。有了文化，自然就得读书读报。而容容又是个特别用功的人，喜欢读书，看见人家读书，她总要爬到膝盖上来，“1、2、3、4”地抢着念。原来她是光念页码，不看正文的。这速度多快呀！人家才读了两行，她已经把整本书“念”光啦。

容容开始从我的书架里找书念。她看了《呐喊》，又看《彷徨》，接着又阅读《西游记》《红楼梦》和《莫泊桑中短篇小说选集》，不到一天，她已经读完了全部的安徒生童话和契诃夫小说集。根据这样的阅读速度，不出两天，她肯定要大大超过我的阅读程度了，因为我到今天还没把契诃夫的全部小说读完呢！所幸的是：她虽然读得这么快，但终究是不看正文，只念页码的；而我却正相反，是不念页码，只读正文的。这就是我跟她读书方法上主要的区别。

但无论如何，容容总之是在我们院子里出名了。她走到哪儿，哪儿的人就管她叫“大学生”，因为她读书读得既多又快，就跟大学生一样。

容容的奶奶知道容容把我的书架翻乱了，走来向我赔不是。她说，容容这些天来越发淘气了，整天干些顽皮的勾当，缠着问些古怪的问题。我说，这不能算淘气，这是说明她长大起来了，好奇心也越发浓厚了，该把她送到幼儿园里去受教育了。

奶奶思想斗争了好一阵，终于到幼儿园去给容容报了名。回来的时候，顺路买了个漂亮的小书包。

容容就真的变成一个学生了。你瞧，她头上梳了一条朝天辫，身穿工装裤，背着小书包，满院子走来走去，看见人就说：“明天我要上学去啦！我们学校顶顶好，高房子，园里有小小楼梯（就是滑梯）。老师也顶顶好，老师喜欢容容！”

晚上，容容睡不着，一次一次爬起来看天。一会儿，她在院子里说：“奶奶，天上棉花多起来了，星星看不见了！”一会儿又说：“奶奶，天下雨啦！院子里下雨了，不知道大门外边下不下。”跑到大门外边，又说：“奶奶，大门外边也在下雨呢！奶奶，学校里下雨吗?”奶奶好说歹说才哄她睡着了。

第二天，天空没有一丝儿“棉花”，太阳分外明亮，把院子里的槐树叶照得透明翠绿，就像是碧玉雕成似的。我们的容容，背着书包，由奶奶领着，第一天上幼儿园去。全院子的人，包括那位出版社校对科的老先生在内，都到大门口来欢送她，好像她不是上学去，而是出国旅行去似的。

再见！再见！

再见，容容！祝你学习顺利，从幼儿园直到大学毕业，都像今天这么幸福，永远生活在这样明亮、和煦、温暖、灿烂的阳光下！

我正在写着，容容放学回来，爬到我的膝盖上，问道：“任叔叔，你在写什么？”我告诉她，就在写她的事情。她听了，拿起稿纸，左看右看，横看竖看了好一会儿，然后皱起鼻头，不相信地说：“骗人！骗人！不是写我，不是写我！我有一个头，我有两只手，还有脚，还有肚子，你这儿怎么全没有这些呀？”

我说：“不是骗你，真的在写你，你瞧，这里不是写着你的名字吗？”我把容容两个字指给她看。

她仔细地看看这两个字，还用手指头摸了摸，忽然又皱起鼻头说：“啊，你写得不像，不像，一点儿也不像！这就是我吗？我的头是这么小，这么小吗？”她指指“容”字上面的一点，又摸摸自己的头，嚷着说：“奶奶，任叔叔在写我，写得一点儿也不像！一点点点点儿也不像！”

她的“评价”就是这样，“一点点点点儿也不像！”这自然不是基本肯定，而是基本否定了。这么说，我写的是一篇失败的作品。唉，这是使我伤心的。写作之前，就遭到老先生的反对；写作之后，又遭到小主角兼小读者的否定，我的创作积极性受到了一定的影响，那么，就让我到此搁笔吧。

任大霖　1929年7月出生于浙江萧山，1948 年起在《开明少年》《小朋友》等刊物发表作品，其中散文《固执的老蜘蛛》和童话《百支光和五支光》受到叶圣陶先生、陈伯吹先生等名家好评。1951年出版第一本散文集《红泥岭的故事》。1953年奉调至上海，在少年儿童出版社从事编辑工作。1956年加入中国作家协会，历任上海市作家协会青创委委员、理事，创作委员会副主任兼儿童文学委员会副主任以及中国作家协会儿童文学委员会委员。1994年获“中国福利会妇幼事业樟树奖”。20世纪80年代至90年代担任少年儿童出版社总编辑，1995年6月8日因病去世。一生创作各种作品和撰写文学理论200余篇，出版各种单行本20余部，共计200余万字，其中短篇小说《蟋蟀》获第二届全国少年儿童文艺创作评奖一等奖，其他多部（篇）作品获省、市级文学奖和报刊优秀奖。《蟋蟀》《童年时代的朋友》《他们在创造奇迹》《我们院子里的朋友》等作品被译成英、日、法、德等多种文字出版。

习题

一、单选题

1. 阿蓝是一只（　　）

A. 兔子　　B. 狗　　C.鸭子

2. 多难的小鸭是被（　　）咬伤了肩胛。

A. 猫　　B. 鸡　　C. 老鼠

3.《我的朋友容容》里，乡下客人送给容容的是一对（　　）

A. 金铃子　　B. 鸽子　　C. 鹦鹉

4.《打赌》里，赌的内容是五只喜鹊蛋外加两个栗子爆，这里的“栗子爆”是指（　　）

A. 生栗子　　B. 炒栗子　　C. 是指在后脑勺痛击一下

5.《风筝》里，我是（　　）的“跟屁虫”。

A. 林杰哥哥　　B. 贵松哥哥　　C. 小松哥哥

二、填空题

1.《我的朋友容容》的作者是________，他出生于________。

2.《学费》里，妈妈是用________换钱给林杰凑学费的。

3.《我的朋友容容》里，容容寄给任叔叔一封信，信里的内容是________。

4.《牛和鹅》中，金奎叔叔掐住鹅的________，才把鹅摔到池里去。

5.《阿蓝的喜悦和烦恼》里，阿蓝被爸爸送走，是因为________。

答案详见119页。

看完这本书，你一定有很多感想，快来写下你的读书心得吧！